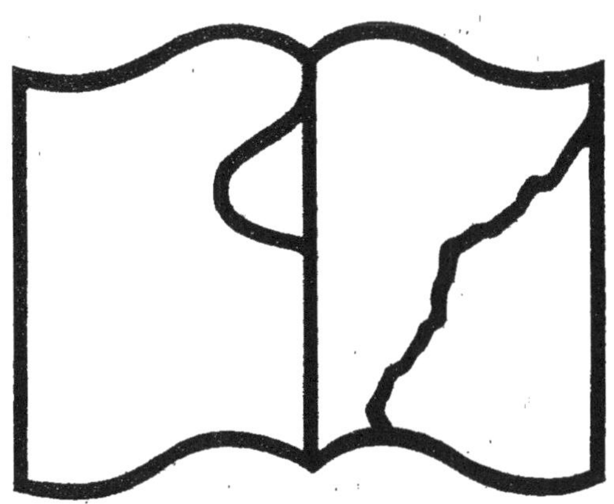

Texte détérioré — reliure défectueuse

NF Z 43-120-11

BIBLIOTHÈQUE ÉLECTROTECHNIQUE

MANUEL
D'ÉLECTRICITÉ INDUSTRIELLE

PAR

C. TAINTURIER

INGÉNIEUR DES ARTS ET MANUFACTURES

E. C. P.

Notions générales. — Unités et mesures.
Générateurs mécaniques d'énergie électrique. — Électro-chimie.
Applications industrielles.

215 FIGURES DANS LE TEXTE

PARIS

LIBRAIRIE INDUSTRIELLE

J. FRITSCH, ÉDITEUR

30, Rue du Dragon

1895

BIBLIOTHÈQUE ÉLECTROTECHNIQUE

MANUEL

D'ÉLECTRICITÉ INDUSTRIELLE

BIBLIOTHÈQUE ÉLECTROTECHNIQUE (N° 1)

MANUEL
D'ÉLECTRICITÉ INDUSTRIELLE

PAR

C. TAINTURIER

INGÉNIEUR DES ARTS ET MANUFACTURES

E. C. P.

Notions générales. — Unités et mesures.
Générateurs mécaniques d'énergie électrique. — Électro-chimie.
Applications industrielles.

215 FIGURES DANS LE TEXTE

PARIS

LIBRAIRIE INDUSTRIELLE

J. FRITSCH, ÉDITEUR

30, RUE DU DRAGON

1895

BIBLIOTHÈQUE ÉLECTROTECHNIQUE

AVANT-PROPOS

S'il est vrai que

> *L'ennui naquit un jour de l'uniformité,*

on nous accordera qu'il n'y a pas de livres plus plaisants que nos ouvrages d'électricité. — Quel que soit le savoir qui y est disséminé, leurs auteurs semblent chercher l'originalité dans une indépendance, un manque desuite dans les idées, une diversité d'expressions techniques, une variété de définitions et une absence d'homogénéité qui, s'ils eussent réjoui Boileau, déconcertent les nouveaux venus et ont l'air de prendre un malin plaisir à ne leur rien épargner du défrichement pénible que nous ont innocemment légué nos devanciers.

Les uns regardent comme au-dessous d'eux une correction dont leur génération a été privée ; d'autres prétendent se faire comprendre à demi-mots, sans souci de la fatigue intellectuelle qu'ils imposent gratuitement à leurs lecteurs et des idées fausses qu'ils sont coupables d'inculquer aux débutants ; d'autres enfin, et ce ne sont peut-être pas les moins nombreux, se font d'élèves docteurs sans comprendre ni la portée ni l'importance de la pré cision de langage qu'exigent l'enseignement et l'étude, et se perdent inconsciemment dans le chaos.

Nulle science ne méritait cependant un meilleur traitement, étant donné que la Physique et la Mécanique lui sont redevables d'un système rationnel d'unités inconnu avant elle et qui les dominera quand même.

Mais notre esprit frondeur semble, de parti pris, ne pas vouloir accepter de règles uniquement parce que d'autres, plus méthodiques et plus imbus des exigences théoriques et pratiques, ont précisé des idées vagues et coordonné une terminologie qui, si elle n'est pas parfaite, a seule le triple mérite de la logique, de la netteté et de l'exactitude.

La raison et la vérité ayant toujours le dernier mot, routine, indifférence, mauvais vouloir ou inintelligence finiront cependant par céder. Le plus tôt sera le mieux ; et, si l'intérêt supérieur de la science ou les nécessités de la pratique quotidienne ne peuvent rien sur eux, que les récalcitrants nous permettent d'invoquer un sentiment plus humain, celui de leur intérêt personnel. — Quelle confiance en effet les électriciens peuvent-ils espérer inspirer à un public soupçonneux, et pour cause, s'ils n'ont pas l'air de s'entendre et de se comprendre mutuellement ? — Ils se déconsidèrent bénévolement en faisant douter de la Science elle-même.

Partant de ce principe, nous sommes depuis longtemps persuadé qu'un éditeur soucieux, lui aussi, de ses véritables intérêts, ferait acte d'intelligence bien entendue en ne publiant, au lieu d'ouvrages disparates sur une même branche de la Science, que des livres présentant une unité de principes qui permît de se référer de l'un à l'autre sans confusion possible et sans gymnastique pénible.

Il réaliserait ainsi un desideratum profitable tant au public qu'aux auteurs et à lui-même.

Sollicité par l'Éditeur de cette nouvelle série scientifico-industrielle de collaborer à son œuvre, nous avons pu sans difficulté lui faire partager cette manière de voir qui, acceptée d'un autre côté par ses autres collaborateurs avec une justesse de sens digne des meilleurs éloges et pleine d'encouragement, nous a conduit à accepter la révision générale, à cet unique point de vue, des ouvrages qui la composeront. Notre tâche sera d'ailleurs simplifiée par le concours de l'école C. G. S. dont la jeune et ardente conviction n'a que faire, à cet égard, de notre contrôle.

Adepte convaincu des principes de M. Hospitalier en matière d'enseignement, nous nous y conformerons strictement dans cette collection, et, tant qu'on n'aura pas mieux fait, nous chercherons à y apporter, outre ses symboles, notations et définitions, sa précision de langage aussi indispensable à la pratique qu'à la science pure. — Nous nous ferons d'ailleurs un scrupuleux devoir de laisser à chacun son caractère original, choix du sujet, manière de le traiter, style, mode de conception et d'exposition, en un mot responsabilité absolue, notre devise se résumant en « indépendance mais unité ».

Cet ensemble, publié sous le titre général de « BIBLIOTHÈQUE ÉLECTROTECHNIQUE », embrassera, soit sous forme d'ouvrages originaux, soit sous forme de traduction quand l'occasion se présentera de faire connaître en France des ouvrages étrangers trop ignorés, toutes les branches de l'industrie électrique, traitées par une pléiade d'auteurs de choix, toujours au courant, par leur situa-

tion même, des progrès de chaque jour, ayant déjà fait leurs preuves et capables de faire profiter les autres d'une science et d'une expérience laborieusement acquises.

Avec ces éléments nous sommes d'avance assuré de rendre un véritable service aux générations présente et future. Une typographie soignée contribuera pour sa part à réaliser, non pas l'uniformité, mais l'unité dans le vrai.

E. BOISTEL.

PREFACE

Ce *Manuel d'électricité industrielle* n'était pas originairement destiné à faire partie de notre « Bibliothèque électrotechnique ». En l'y incorporant nous avons pensé en faire une entrée en matières, une sorte d'introduction, où sont résumés les notions fondamentales et les principes généraux dont on trouvera le développement et les applications dans les ouvrages subséquents, spéciaux à chacune des branches de l'électricité.

Il s'adresse particulièrement à ceux qui désirent, avant d'aller plus loin, s'initier aux éléments de la science moderne et suffit à indiquer à tous l'ordre d'idées qui préside à l'élaboration de cette collection.

S'attachant surtout aux premières Définitions, aux Unités, aux Appareils et Méthodes de Mesures, il traite sommairement des Générateurs mécaniques de l'énergie électrique, pour passer de là aux Générateurs chimiques qui entraînent à l'étude de l'Electrolyse, englobant les Accumulateurs et, comme application, la Galvanoplastie, et ne fait qu'effleurer les grandes applications courantes, l'Eclairage et la Transmission du travail.

Sans anticiper sur l'avenir, il le prépare, et nous espérons qu'à ce titre il sera favorablement accueilli du public.

L'Editeur.

MANUEL
D'ÉLECTRICITÉ INDUSTRIELLE

PREMIÈRE PARTIE

CHAPITRE I

PRINCIPES GÉNÉRAUX

1. *Courant électrique.* — Si dans un vase contenant de l'eau acidulée on plonge deux lames, l'une de cuivre, l'autre de zinc, et si l'on réunit ces deux lames extérieurement au liquide par un fil métallique, rien ne se manifeste de visible à l'œil; mais lorsque l'on approche du fil métallique une aiguille aimantée, celle-ci dévie immédiatement de sa position d'équilibre Nord-Sud; quoique le fil ait toujours conservé le même aspect, il est donc le siège d'un phénomène intérieur, auquel on a donné le nom de *courant électrique.* On admet que ce courant s'écoule du cuivre au zinc en passant par le fil métallique, ou du *pôle positif* au *pôle négatif.*

Un écoulement ne peut se produire que par suite

d'une différence de niveau ; nous dirons donc que les pôles positif et négatif ne sont pas au même niveau électrique ; cette différence de niveau électrique a été appelée *différence de potentiel*.

Le courant électrique existe dans le fil métallique, parce que deux de ses points ne sont pas au même potentiel ; il y a une différence de potentiel entre les points qui sont les pôles positif et négatif. La différence de potentiel est donc la cause qui produit un courant électrique entre deux points d'un circuit métallique.

Dans l'expérience précédente, il se produit une action chimique entre les différents corps mis en présence ; cette réaction donne naissance à une force qui a été nommée *force électromotrice* ; c'est la cause primordiale du courant électrique.

Nous venons de voir que le courant électrique, sous l'action de la force électromotrice, s'écoule dans le fil métallique. Or, ce dernier offre une *résistance* à ce mouvement, résistance comparable au frottement de l'eau dans une conduite, et cette résistance est variable avec la nature et les dimensions du fil ; il y passe donc une plus ou moins grande quantité d'électricité dans un temps déterminé, selon que cette résistance est plus ou moins grande. Le quotient de la quantité d'électricité qui passe dans une section droite d'un conducteur pendant un temps donné, par ce temps, est désigné sous le nom d'*intensité*.

2. *Loi d'Ohm.* — La quantité d'électricité passant dans un conducteur pendant un temps déterminé est évidemment proportionnelle à la force qui produit l'écoulement, c'est-à-dire à la force électromotrice : plus cette force sera grande, plus il s'écoulera d'électricité ; de même cette quantité sera d'autant plus petite que la résistance du conducteur sera grande, d'où la loi d'Ohm :

L'intensité d'un courant est proportionnelle à la force électromotrice, et inversement proportionnelle à la résistance du circuit.

Soient I l'intensité, E la force électromotrice, R la résistance ; la loi d'Ohm peut s'écrire

$$I = \frac{E}{R}.$$

Cette relation est excessivement importante et sert de base à presque tous les calculs que l'on est amené à faire en électricité. On voit de même que, si on ne considère qu'une partie du circuit entre deux points, l'intensité sera proportionnelle à la force électromotrice créée par la différence de potentiel entre ces deux points ; la loi d'Ohm est donc également applicable à une portion du circuit.

3. *Courants dérivés.* — Supposons un fil AB (fig. 1) parcouru par un courant électrique ; si en deux points CD de ce fil on attache un autre fil

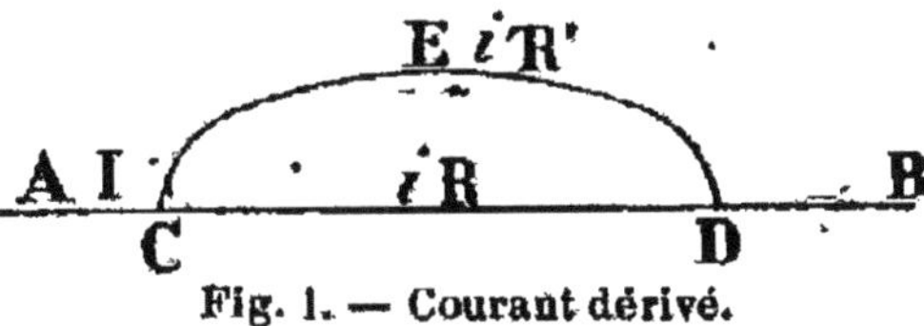

Fig. 1. — Courant dérivé.

CED, il est évident que le courant allant de A à B, trouvant en C deux chemins, se divisera en deux parties : l'une ira de A en B directement et l'autre passera par CED. Cette partie du courant est appelée *courant dérivé*.

Nous allons voir dans quelles proportions le courant se divise entre les deux branches : appelons I l'intensité du courant primitif, i l'intensité du courant passant dans CD, et i_1 l'intensité du courant de CED, E la différence du potentiel entre C et D, R étant la résistance du fil CD, R_1 celle du fil CED. On a évidemment :

$$I = i + i_1,$$

et, en appliquant la loi d'Ohm,

$$E = Ri = R_1 i_1,$$

d'où l'on tire

$$\frac{i}{i_1} = \frac{R_1}{R}.$$

Les intensités sont donc inversement proportionnelles aux résistances. On peut généraliser cette équation. En effet, attachons en C et D d'autres fils et appelons $i_2\ i_3$, etc. les intensités dans ces fils, et $R_2\ R_3 \ldots$ leurs résistances ; on aura toujours

$$I = i + i_1 + i_2 + i_3 + \ldots\ldots$$
$$E = Ri + R_1\ i_1 + R_2\ i_2 + R_3\ i_3 + \ldots\ldots,$$

d'où

$$\frac{i}{i_1} = \frac{R_1}{R}$$

$$\frac{i}{i_2} = \frac{R_2}{R}$$

$$\frac{i_1}{i_2} = \frac{R_2}{R_1} \quad \text{etc.}$$

4. *Lois de Kirchhoff.* — Ce qui précède explique les lois formulées par Kirchhoff.

1° Si plusieurs conducteurs parcourus par des courants électriques aboutissent en un point, la somme des intensités des courants qui convergent vers ce point est égale à la somme des intensités de ceux qui s'en éloignent.

2° Pour tout circuit fermé, la somme algébrique des forces électromotrices est égale à la somme algébrique des produits des intensités par les résistances.

Considérons par exemple, la figure 2 représentant un circuit composé d'une pile P et de circuits dérivés 1, 2, 3, 4, 5, parcourus par des courants dont les intensités sont respectivement I_1 I_2 I_3 I_4 I_5 au point A; nous voyons que le courant 1 s'en éloigne, tandis que tous les autres s'en rapprochent; nous pouvons donc écrire :

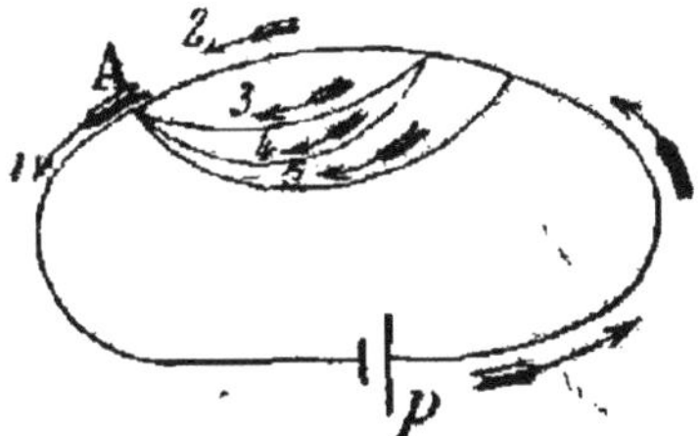

Fig. 2. — Circuits dérivés.

$$I_2 + I_3 + I_4 + I_5 - I_1 = 0.$$

Si E est la force électromotrice de la pile et R_1, R_2... les résistances des circuits, on a en vertu de 2°

$$E = I_1 R_1 + I_2 R_2$$

parce que le circuit est complet par 1 et 2. On pourrait le compléter également par 1 et 3, ou par 1 et 4, etc.

5. *Résistance réduite.* — Quand, dans un circuit complet, on établit un circuit dérivé, il est évident que l'on modifie la résistance de l'ensemble et que cette résistance a été diminuée, puisque l'on a donné une nouvelle voie à l'écoulement du courant électrique ; la nouvelle résistance a été nommée *résistance réduite;* c'est celle d'un conducteur de même résistance que l'ensemble modifié. Considérons deux conducteurs ABC et ADC de résistances R_1 et R_2.

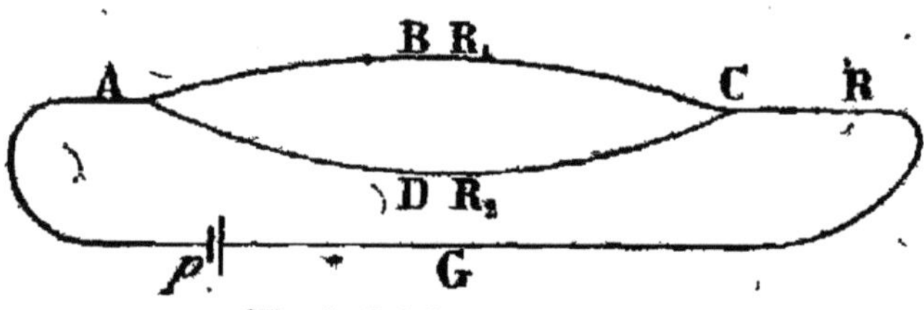

Fig. 3. Résistance réduite.

Soient E la force électromotrice (fig. 3) et r la résistance réduite que nous cherchons, R la résistance du conducteur CGA ; nous avons :

$$R + r = \frac{E}{I} \quad \text{d'après la loi d'Ohm,}$$

et, suivant la loi de Kirchhoff,

$$E = IR + I_1 R_1$$
$$E = IR + I_2 R_2$$
$$I_1 = \frac{E - IR}{R_1}$$
$$I_2 = \frac{E - IR}{R_2};$$

mais $\quad I = I_1 + I_2;$

donc $\quad I = \frac{E - IR}{R_1} + \frac{E - IR}{R_2}.$

En faisant sortir I et E nous obtenons :

$$I\left[i + R\left(\frac{1}{R_1} + \frac{1}{R_2}\right)\right] = E\left(\frac{1}{R_1} + \frac{1}{R_2}\right).$$

En divisant par $\dfrac{1}{R_1} + \dfrac{1}{R_2}$ on a :

$$I\left(\frac{1}{\dfrac{1}{R_1} + \dfrac{1}{R_2}} + R\right) = E.$$

Or, d'après la loi d'Ohm, $E = (R + r)\, I$;

donc $$r = \frac{1}{\dfrac{1}{R_1} + \dfrac{1}{R_2}} = \frac{R_1\, R_2}{R_1 + R_2}.$$

Si le nombre de dérivations était plus grand, la formule précédente pourrait s'établir de la même manière. En généralisant, on obtiendrait

$$r = \frac{1}{\dfrac{1}{R_1} + \dfrac{1}{R_2} + \dfrac{1}{R_3} + \cdots \cdot \dfrac{1}{Rn}}$$

6. *Résistance des conducteurs*. — La résistance d'un conducteur est proportionnelle à un facteur ρ dépendant de la nature du corps formant le conducteur ; elle est aussi proportionnelle à la longueur, et inversement proportionnelle à la section du conducteur ; le facteur ρ a été appelé la *résistance spécifique* du corps ; on lui donne encore le nom de *résistibilité*.

Si R est la résistance d'un conducteur, L sa longueur et S sa section, ces quantités sont reliées par la relation

$$R = \rho \frac{L}{S}.$$

7. *Résistance spécifique.* — Nous venons de désigner la résistance spécifique d'un conducteur par le facteur ρ et nous avons vu que cette résistance était variable avec la nature du corps ; c'est la résistance d'un cube de la matière considérée, ce cube ayant pour côté l'unité de longueur, le centimètre.

Nous verrons plus tard comment on mesure la résistance spécifique ; elle est variable non seulement avec la nature du conducteur, mais encore avec sa température et son état moléculaire ; en général elle augmente avec la température, elle n'est pas la même pour les métaux fondus et les métaux laminés, la résistance des corps métalliques est ordinairement moins grande que la résistance des corps non métalliques.

8. *Conductibilité.* — La conductibilité d'un corps est l'inverse de sa résistance spécifique ; on la représente par le facteur γ ; sa valeur est $\gamma = \dfrac{1}{\rho}$.

De même que la conductibilité est l'inverse de la résistibilité, on a donné le nom de *conductance* à l'inverse de la résistance. La résistance étant R, la conductance est représentée par G, et sa valeur est $G = \dfrac{1}{R}$.

En résumé, la résistibilité et la conductibilité dépendent de la nature seule du corps, tandis que la résistance et la conductance dépendent de la nature du corps et de sa forme ; le même corps pris sous des formes différentes a des résistances différentes.

9. *Magnétisme.*— On appelle aimants les corps capables d'attirer le fer. On trouve dans la nature un oxyde de fer, la magnétite ou pierre d'aimant, qui jouit de cette propriété. Il y a donc des aimants naturels. Les aimants artificiels sont des barreaux de fer ou d'acier que l'on peut fabriquer, soit au moyen des aimants naturels, soit en leur communiquant la propriété magnétique à l'aide d'un courant électrique ; enfin il existe encore les électro-aimants, qui ne jouissent de propriétés magnétiques que temporairement, quand ils sont excités par un courant. Les aimants, quand on les suspend par leur centre de gravité, ont la propriété de prendre une position bien déterminée et toujours la même : ils se dirigent suivant la ligne Nord-Sud. L'extrémité de l'aimant qui se tourne du côté Nord a été appelée *pôle nord* ou *pôle positif*, et l'autre extrémité *pôle sud* ou *négatif*. Le barreau aimanté s'orientant simplement sous l'action de la terre et ne se déplaçant pas, les forces qui agissent sur lui forment un couple, c'est-à-dire qu'elles sont composées de deux forces parallèles égales et de sens contraires, et leurs points d'application sont les pôles de l'aimant ; la ligne qui joint ces deux pôles est appelée *axe magnétique* de l'aimant.

On peut considérer l'aiguille aimantée comme formée de deux *masses magnétiques* égales et de signes contraires. Si m désigne une de ces masses et l leur distance, qui est celle des deux pôles, le produit ml est appelé *moment magnétique* de l'aimant ; on le représente par $\mathcal{M}$.

10. *Champ magnétique.* — Ainsi que nous l'avons vu précédemment, les aimants ont la propriété d'attirer le fer ; il y a donc attraction de deux masses. Or, les actions qui s'exercent entre elles sont proportionnelles à ces masses et inversement proportionnelles au carré de leur distance. Toute la région où ces forces se manifestent se nomme *champ magnétique*. La terre produisant une action sur l'aiguille aimantée donne naissance à ces forces ; il y a ainsi un champ magnétique terrestre que l'on peut considérer comme uniforme dans une même région, c'est-à-dire que les actions y ont la même direction et la même intensité. Ceci n'est plus vrai si on change de région.

11. *Lignes de force.* — Une ligne de force est une ligne tangente en chaque point à la direction de la force qui passe en ce point. Dans un champ magnétique, la direction d'une ligne de force est celle dans laquelle un élément du pôle magnétique tend à être entraîné à chaque instant. On a donné un signe aux lignes de force magnétique, et on est convenu d'admettre que les lignes de force qui s'éloignent d'un pôle Nord sont *positives*, et que celles qui se dirigent vers ce pôle sont *négatives*.

Faraday a énoncé, relativement aux lignes de force, les deux lois suivantes :

1° *Une ligne de force tend toujours à se raccourcir ;*

2° *Deux lignes de force de même sens se repoussent ; si elles sont de sens contraires, elles s'attirent.*

12. *Lois des attractions et des répulsions magnétiques.* — Deux pôles de même nom se repoussent ; deux pôles de noms contraires s'attirent.

L'attraction entre deux pôles est proportionnelle au produit de leurs intensités et en raison inverse du carré de leur distance. Cette attraction varie encore avec le milieu dans lequel elle se produit. Soient F la force d'attraction, mm' les intensités des deux pôles et L leur distance, on a

$$F = \frac{mm'}{L^2} \times C,$$

C étant un coefficient dépendant du milieu dans lequel se trouvent les pôles en présence.

13. *Fantômes magnétiques.* — Les lignes de force d'un champ magnétique et les lois d'attraction et de répulsion magnétiques peuvent être rendues visibles au moyen des fantômes magnétiques. Pour les obtenir, on recouvre d'une feuille de papier ou de parchemin bien tendu les aimants que l'on veut étudier, et sur cette feuille on répand, au moyen d'un petit tamis, de la limaille de fer très fine ; on voit alors se dessiner très nettement les lignes de force. Nous reproduisons à la fin de ce chapitre les différents fantômes obtenus ; en les examinant, on peut se rendre un compte parfait des différentes lois que nous avons énoncées sur les

lignes de force et les attractions et répulsions magnétiques.

14. *Intensité d'un champ magnétique.* — On conçoit très bien qu'un pôle d'un aimant ait une intensité
plus ou moins grande; la conception n'est pas aussi
facile pour un champ magnétique. On appelle *intensité d'un champ magnétique* en un point déterminé de
ce champ, le rapport de la force exercée sur un pôle
placé en ce point à l'intensité de ce pôle. Soient $\mathcal{H}$
l'intensité du champ, F la force exercée sur le pôle
d'intensité m. On a

$$\mathcal{H} = \frac{F}{m}.$$

En examinant les fantômes magnétiques, on voit
que les lignes formées par la limaille sont plus ou
moins serrées, suivant leurs positions dans le champ
magnétique, et il est facile de reconnaître que plus
l'intensité du champ est grande, plus elles sont rapprochées les unes des autres; de là on a été amené à
admettre que l'intensité d'un champ magnétique en un
point est proportionnelle au nombre de lignes de force
passant par ce point (1).

15. *Flux de force.* — On appelle *flux de force* à travers un élément de surface le produit de cet élément

---

(1) Mathématiquement, l'intensité d'un champ en un de ses
points est la résultante de toutes les actions qui s'exercent sur
l'unité de masse placée en ce point.

par la composante des forces normale à cet élément.
Si on considère un champ magnétique, le flux de force
est le produit d'une surface S de ce champ par son intensité $\mathcal{H}$, supposée uniforme, chacun des éléments de
la surface étant normale à la direction des lignes de
force qui le traversent. On représente généralement le
flux de force par Φ, d'où la relation $\Phi = \mathcal{H}S$.

16. *Tubes de force*. — Si on prend un certain nombre de lignes de force et que l'on considère la surface
enveloppant ces lignes, on obtient ce que l'on appelle
un *tube de force*. On voit facilement que la force, à
chaque point d'un tube, est en raison inverse de sa section, le tube contenant dans toutes ses sections le même
nombre de lignes de forces.

17. *Intensité d'aimantation*. — Prenons un barreau
aimanté; on constate qu'il présente deux pôles bien déterminés vers ses extrémités, tandis qu'en son centre on
ne remarque aucun phénomène particulier; brisons-le
en deux : nous obtiendrons deux morceaux formant
chacun un aimant complet, présentant les mêmes propriétés que le barreau primitif. Si on brise les deux
aimants obtenus, on a encore deux nouveaux aimants
complets, et ainsi de suite indéfiniment. On peut donc
considérer un aimant comme étant constitué par des
aimants infiniment petits. Il est facile de concevoir
qu'un de ces éléments d'aimant ait une action proportionnelle à son intensité magnétique et à sa longueur,
c'est-à-dire à son *moment magnétique*. On a donc été
amené à nommer *intensité d'aimantation* le rapport du

moment magnétique d'un aimant à son volume ; cette intensité est représentée par $\mathfrak{J}$ et on a

$$\mathfrak{J} = \frac{\mathcal{M}}{V}.$$

Si deux aimants infiniment petits sont placés à la suite l'un de l'autre, et se touchent par leurs pôles opposés, leur action extérieure se réduira à celle des deux pôles extérieurs ; il en sera de même pour un nombre quelconque d'aimants infiniment petits, placés à la suite les uns des autres. Il est bien entendu qu'il faut pour cela que tous ces aimants soient aimantés de la même façon. On peut donc regarder un aimant comme formé d'une infinité d'éléments.

18. *Induction magnétique.* — Lorsqu'un morceau de fer est approché d'un aimant, c'est-à-dire quand il se trouve dans un champ magnétique, on constate qu'il acquiert toutes les propriétés d'un aimant. On appelle *induction magnétique* l'action qui produit ce phénomène. S'il se produit une attraction sur le corps, on dit qu'il est *magnétique* ou *paramagnétique*. Si, au contraire, il se produit une répulsion, le corps est dit *diamagnétique*. Le fer, le cobalt, le platine, le manganèse, etc., sont magnétiques ; le cuivre, le bismuth, l'antimoine, le zinc sont diamagnétiques.

19. *Flux d'induction. Induction totale. Induction spécifique.* — Un corps magnétique placé dans un champ magnétique est traversé par un flux de force Φ, appelé *flux d'induction totale*, composé d'un certain nombre de

tubes de force. L'*induction totale* est le produit de la
section du corps S par ce nombre de tubes de force
que nous désignerons par $\mathfrak{B}$. On a donc :

$$\Phi = \mathfrak{B}S.$$

Ce nombre de tubes de force $\mathfrak{B}$ est appelé *induction
spécifique*, ou simplement *induction*.

20. *Perméabilité et susceptibilité magnétiques.* —
On appelle *perméabilité magnétique* d'un corps le rapport du nombre de tubes de force qui le traversent à
l'intensité du champ magnétique dans lequel il se trouve ;
on désigne la perméabilité magnétique par la lettre μ.
On a donc :

$$\mu = \frac{\mathfrak{B}}{\mathcal{H}}.$$

On appelle *susceptibilité magnétique* le rapport de
l'intensité d'aimantation à l'intensité du champ qui
le produit. On représente la susceptibilité magnétique
par $\varkappa$. On a donc :

$$\varkappa = \frac{\mathfrak{J}}{\mathcal{H}}.$$

Ces deux quantités sont reliées par la formule

$$\mu = 1 + 4\,\pi\varkappa.$$

On voit que, plus la perméabilité d'un corps est
grande, plus le nombre des tubes de force qui le traverse est grand.

Pour les corps très magnétiques, les coefficients μ et $\varkappa$
ne sont pas constants. Ainsi, si l'on soumet un barreau
de fer à l'action d'un champ croissant à partir de 0, le

nombre de tubes de force n'augmente pas indéfiniment
d'une façon constante ; à partir d'un certain moment
cette augmentation est presque nulle : on dit que le
corps est à son point de *saturation magnétique*.

21. *Résistance magnétique.* — On appelle *résistance
magnétique spécifique* d'un corps l'inverse de sa perméabilité magnétique ; on désigne la résistance magnétique spécifique ou *réluctivité* par ν

$$\nu = \frac{1}{\mu}.$$

La *résistance magnétique totale* ou *réluctance*, si on
la représente par $\mathcal{R}$, est donnée par la formule

$$\mathcal{R} = \nu \frac{l}{S},$$

l étant la longueur du corps magnétique suivant la
direction des lignes de force, et S la section perpendiculaire à cette direction ; on a également

$$\mathcal{R} = \frac{l}{\mu S}.$$

Contrairement à ce qui se passe pour la résistance
d'un conducteur au courant électrique, qui reste constante quel que soit ce courant, la résistance magnétique varie avec l'intensité du champ dans lequel se
trouve le corps magnétique.

22. *Electromagnétisme.* — Lorsque l'on approche
un fil conducteur parcouru par un courant électrique

d'une aiguille aimantée, on observe une déviation de cette aiguille ; il s'est donc manifesté un champ de force autour du conducteur ; on peut alors considérer le courant électrique comme engendrant un champ analogue à un champ magnétique ; ce champ sera caractérisé par des lignes de force que l'on peut mettre en évidence, comme pour les aimants, au moyen de fantômes. Ce champ est souvent appelé *champ galvanique*.

23. *Règle d'Ampère*.— Si on prend un courant rectiligne et si, au moyen de la limaille de fer, on obtient le fantôme d'un champ perpendiculaire à ce courant, on voit que toutes les lignes de force forment des cercles concentriques ayant pour centre le point où le courant traverse le champ. Un observateur supposé placé de façon à ce que le courant lui entre par les pieds et lui sorte par la tête verra un pôle Nord situé dans le champ se déplacer vers sa gauche, c'est-à-dire en sens inverse du mouvement des aiguilles d'une montre.

Biot et Savart ont démontré que l'action d'un courant rectiligne sur un pôle placé dans son champ est perpendiculaire au plan déterminé par le courant et ce pôle et en raison inverse du carré de la distance du pôle au courant.

24. *Feuillet magnétique. Solénoïde*. — D'après ce qui précède, on voit qu'on peut assimiler un courant circulaire à un aimant infiniment plat. Soit le courant circulaire ABC dont le sens est indiqué par la flèche (fig. 4).

Si on suppose un observateur couché suivant le sens du courant et regardant le centre du cercle formé par le courant, il aura le pôle Nord à sa gauche et à sa droite le pôle Sud. On a donné à cette section d'aimant infiniment courte le nom de *feuillet magnétique*. Si maintenant on considère une série de courants circulaires. parallèles et ayant leur centre sur la même ligne, on aura un ensemble de feuillets magnétiques ; le tout sera donc assimilable à un aimant. On a ainsi donné le nom de *solénoïde* à une série de courants circulaires parallèles. Le solénoïde présente deux pôles comme un aimant ; le pôle Nord est déterminé par ce fait, que si on le regarde de bout, le sens du courant est inverse du sens du mouvement des aiguilles d'une montre.

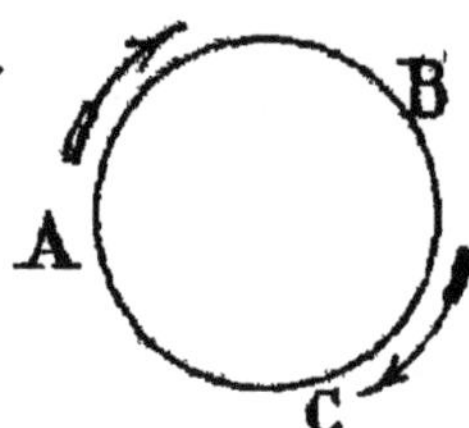

Fig. 4. — Feuillet magnétique.

25. *Électro-aimants*. — Lorsque l'on place un morceau de fer doux dans le champ d'un courant électrique, il se produit une aimantation de ce morceau de fer, pendant tout le temps qu'il reste dans le champ du courant. On a constitué ainsi un *électro-aimant*. En pratique, on construit un électro-aimant en enroulant autour d'un barreau de fer doux un conducteur enfermé dans une enveloppe isolante ; l'aimantation dure tout le temps que le courant passe dans le fil conducteur, et l'intensité d'aimantation varie avec l'intensité du courant. En réalité, quand le courant n'existe plus, le fer conserve une aimantation très faible qui persiste encore pendant quelque temps. Ce magnétisme est appelé *rémanent.* Les pôles d'un électro-aimant se déterminent de la même façon que les pôles d'un solénoïde.

26. *Hystérésis.* — La valeur de l'induction magnétique dans un morceau de fer dépend de l'intensité du champ dans lequel ce corps se trouve. Cette loi n'est pas tout à fait exacte; si l'on soumet un morceau de fer à l'influence d'un champ variant de 0 à une intensité quelconque, et de cette intensité à 0, l'induction magnétique pour les mêmes intensités du champ ne sera pas la même pendant la période descendante que pendant la période ascendante; il y aura un retard à la désaimantation. Ce retard a été appelé *hystérésis.* Ce retard correspond à une production de chaleur, par conséquent à une perte d'énergie.

27. *Force magnétomotrice.* — Nous savons qu'un aimant peut être assimilé à un assemblage de flux ou à un solénoïde; si alors on considère un électro-aimant, on remarquera qu'il y a naissance de flux dans le noyau dès que le courant passe dans le circuit enveloppant. Il y a donc production d'une force comparable à la force électromotrice. On appelle cette force *force magnétomotrice.* Elle est évidemment fonction de l'intensité du courant et du nombre de spires du circuit enveloppant ou, autrement dit, du nombre d'*ampères-tours* (voir 41 et 48).

28. *Lois d'Ampère. Action des courants sur les courants.* — Nous avons vu qu'un courant électrique engendrait un champ de force ; ce champ contient des lignes de force qui obéissent, comme les lignes de force des champs magnétiques, aux lois de Faraday. Il y a donc une action entre des courants qui se trouvent dans le voisinage les uns des autres. Ampère a formulé de la manière suivante les lois qui régissent ces actions :

1º Deux courants parallèles et de même sens s'attirent.

2º Deux courants parallèles et de sens contraires se repoussent.

3º Deux courants dont les directions font un angle s'attirent s'ils se dirigent tous deux vers le sommet de l'angle ; ils se repoussent si l'un s'approche et l'autre s'éloigne de ce point.

4º L'action qui s'exerce entre deux courants est proportionnelle au produit des intensités de ces courants par leurs longueurs, et varie en raison inverse du carré de leur distance.

5º Deux parties consécutives d'un même courant se repoussent.

6º Un courant sinueux peut être assimilé à un courant rectiligne ayant la même direction générale et se terminant aux mêmes points.

Les fantômes magnétiques que nous donnons ci-après rendent visibles à l'œil tous ces phénomènes.

CHAPITRE II

29. *Système* C. G. S. — Toutes les mesures employées en physique peuvent se rapporter à trois quantités fondamentales : la *longueur*, la *masse* et le *temps*. On a pris comme *unités* de ces trois quantités : le *centimètre*, le *gramme* et la *seconde*. Le *centimètre*, ou unité de longueur, est la centième partie du mètre qui, lui-même, est sensiblement égal à la dix-millionnième partie du quart du méridien terrestre. Le *gramme*, ou unité de masse, est la masse d'un centimètre cube d'eau distillée, à la température de $4°$ centigrades. La *seconde*, ou unité de temps, est la 86400me partie du jour solaire moyen. De l'emploi de ces unités est venu le nom de *système centimètre-gramme-seconde* ou, par abréviation, *système* C. G. S. Dans ce qui va suivre nous représenterons les dimensions de ces unités par L pour la longueur, M pour la masse et T pour le temps. Les multiples et sous-multiples des unités C. G. S. seront exprimés par les préfixes connus :

Méga	pour	1 000 000	Unités
Myria	»	10 000	—
Kilo	»	1 000	—
Hecto	»	100	—
Déca	»	10	—

Déci	»	0,1	Unité
Centi	»	0,01	—
Milli	»	0,001	—
Micro	»	0,000 001	—

On représente les multiples et sous-multiples par un nombre affecté d'un exposant indiquant par quelle puissance de 10 ce nombre doit être multiplié. Ainsi, 1000 sera représenté par 10^3 et 0,001 s'écrira 10^{-3}. Comme *unités pratiques*, on a admis pour la longueur 100 centimètres $=$ 1 mètre, pour la masse 10^3 grammes-masse $=$ 1 kilogramme-masse, pour le temps 1 seconde, minute, ou heure.

30. *Vitesse.* — La vitesse est le quotient du chemin parcouru, par le temps employé à le parcourir ; c'est le quotient d'une longueur L par un temps T.

Une vitesse est donc représentée par $v = \dfrac{L}{T}$ ou LT^{-1}.

Dans le système C. G. S. l'unité de vitesse est le centimètre par seconde.

31. *Accélération.* — L'accélération est le rapport de l'accroissement de vitesse d'un corps animé d'un mouvement uniformément varié, à l'accroissement du temps. Si on représente par a l'accélération, sa valeur est

$$a = \frac{v}{T} = LT^{-2}.$$

L'accélération due à la pesanteur est représentée par g.

32. *Force.* — Une force est la cause qui imprime un mouvement à une masse. Une force appliquée à un corps lui communique une accélération. Si on représente par F la force, on a

$$F = Ma.$$

Une force est le produit d'une masse par une accélération ; en unités C. G. S. on a $F = LMT^{-2}$.

On voit que le poids est une force qui produit sur une masse une accélération égale à g.

L'unité de force est appelée *dyne* ; c'est la force qui produit sur une masse de 1 gramme une accélération de 1 centimètre par seconde.

On voit donc que le poids du gramme vaut g *dynes*. A Paris, $g = 981$. La dyne vaut par conséquent $\dfrac{1}{981}$ du gramme-poids ou 1,01937 milligramme-poids.

33. *Travail.* — C'est le produit d'une force par le chemin parcouru ; nous le représenterons par W. On a

$$W = LMT^{-2} \times L = L^2MT^{-2}.$$

L'*énergie* a les mêmes dimensions que le travail, mais elle représente le travail total d'un système.

L'unité de travail est appelée *erg* ; c'est le travail produit par une dyne sur une longueur de 1 centimètre. En pratique on emploie comme unité de travail le *kilogrammètre*, qui est le travail produit par un poids de 1 kilogramme tombant d'une hauteur de 1 mètre.

On emploie encore le *cheval-heure*, qui est le travail

produit par un cheval-vapeur pendant une heure ou 3600 secondes; il vaut donc $75 \times 3600 = 270\,000$ kilogrammètres.

34. *Puissance.* — La puissance est le quotient du travail par le temps pendant lequel il s'effectue. On a donc :

$$P = \frac{W}{T} = L^2 M\, T^{-3}.$$

En pratique, l'unité de puissance est le *kilogrammètre par seconde* ou le cheval-vapeur qui vaut 75 kilogrammètres par seconde. On emploie encore le *poncelet* qui vaut 100 kilogrammètres par seconde.

35. *Intensité de pôle.* — L'intensité de pôle, que l'on peut désigner encore par *masse magnétique* ou *quantité magnétique*, a pour unité le pôle qui repousse, avec une force égale à 1 unité, un pôle égal et de même signe placé à 1 unité de distance.

On a : $F = \dfrac{m\, m_1}{L^2}$; mais comme $m = m_1$, $F = \dfrac{m^2}{L^2}$.

D'où $\qquad m = L\sqrt{F}.$

En unités C. G. S. $m = L\sqrt{LMT^{-2}} = L^{3/2}\, M^{1/2}\, T^{-1}.$

36. *Densité magnétique superficielle.* — C'est le quotient de la quantité magnétique par la surface ou section d'un aimant :

$$\sigma = \frac{m}{S} = \frac{m}{L^2} = L^{-1/2}\, M^{1/2}\, T^{-1}.$$

37. *Intensité de champ magnétique*. — L'intensité du champ magnétique, ainsi que nous l'avons vu (14), est représentée par

$$\mathcal{H} = \frac{F}{m}.$$

C'est le quotient d'une force par l'intensité de pôle ; sa valeur en unité C. G. S. est $\mathcal{H} = M^{1/2}\, L^{-1/2}\, T^{-1}$.

38. *Flux de force*. — Le flux de force représente le nombre des tubes de force. Nous avons vu plus haut que $\Phi = \mathcal{H}S$. Or $S = L^2$,

donc $$\Phi = L^{3/2}\, M^{1/2}\, T^{-1}.$$

39. *Moment magnétique*. — Le moment magnétique d'un aimant est le produit de la distance de ses pôles par l'intensité de l'un d'eux.

Ses dimensions en unités C. G. S. sont

$$\mathcal{M} = L^{5/2}\, M^{1/2}\, T^{-1}.$$

40. *Intensité d'aimantation*. — On sait que l'intensité d'aimantation est le quotient du moment magnétique par le volume de l'aimant

$$\mathcal{J} = \frac{\mathcal{M}}{V}.$$

Les dimensions en sont

$$\mathcal{J} = L^{-1/2}\, M^{1/2}\, T^{-1}.$$

41. *Intensité d'un courant électrique*. — L'unité C. G. S. d'intensité d'un courant est celle d'un cou-

rant qui traverse un circuit de 1 centimètre de longueur formant un arc de cercle de rayon égal à 1 unité
et exerce une force de 1 dyne sur un pôle placé au
centre du circuit, ce pôle ayant une intensité égale
à 1 unité.

Soit I l'intensité du courant, l sa longueur, m l'intensité du pôle magnétique, r le rayon de cercle et f
la force exercée par le courant sur le pôle. On a :

$$f = \frac{l\,m\,I}{r^2}.$$

Donc

$$I = \frac{f\,r^2}{l\,m},$$

et, en remplaçant par les dimensions dans le système
C. G. S.,

$$I = \frac{LMT^{-2} \times L^2}{L^{3/2} M^{1/2} T^{-1} \times L} = L^{1/2} M^{1/2} T^{-1}.$$

L'unité pratique d'intensité est l'*ampère* qui vaut
10^{-1} unité C. G. S. L'ampère est représenté par l'intensité d'un courant capable de déposer 0,00118 g.
d'argent par seconde par électrolyse d'une solution
d'azotate d'argent dans l'eau.

42. *Quantité d'électricité.* — L'unité pratique de
quantité d'électricité est la quantité d'électricité qui traverse un circuit pendant une seconde, l'intensité étant
de 1 ampère; on nomme cette quantité *coulomb*.

Le coulomb vaut 10^{-1} unités C. G. S.

Soit Q la quantité d'électricité, on a :

$$Q = IT \text{ ; donc } Q = L^{1/2} M^{1/2}.$$

Dans la pratique on emploie encore l'ampère-heure; c'est la quantité d'électricité qui traverse un circuit pendant une heure, l'intensité étant de 1 ampère. L'ampère-heure vaut donc 3600 coulombs.

43. *Force électromotrice.* — Le travail produit par une quantité d'électricité passant dans un conducteur sous l'action d'une force électromotrice est égal au produit de cette force électromotrice par la quantité d'électricité.

On a donc : $W = QE$.

Donc $E = \dfrac{W}{Q}$,

et, en remplaçant par les dimensions en unités C. G. S.,

$$E = \frac{L^2 M T^{-2}}{L^{1/2} M^{1/2}} = L^{3/2} M^{1/2} T^{-2}.$$

L'unité C. G. S. de force électromotrice est celle qui permet à l'unité C. G. S. de quantité de développer un travail de 1 erg.

L'unité pratique de force électromotrice est le *volt* qui vaut 10^8 unités C. G. S.

Le volt est représenté avec une exactitude suffisante dans la pratique par les $\dfrac{1000}{1434}$ de la force électromotrice de la pile Clark à la température de 15° C.

44. *Résistance.* — L'unité C. G. S. de résistance est la résistance d'un conducteur tel qu'une unité C.

G. S. de force électromotrice y fasse circuler un courant d'une unité C. G. S. d'intensité.

La loi d'Ohm donne

$$R = \frac{E}{I}.$$

En remplaçant ces valeurs par leurs dimensions en unités C. G. S. on a :

$$R = \frac{L^{3/2} M^{1/2} T^{-2}}{L^{1/2} M^{1/2} T^{-1}} = LT^{-1}.$$

L'unité pratique de résistance est l'*ohm* ; il vaut 10^9 unités C. G. S. Matériellement, c'est la résistance d'une colonne de mercure à 0°, pesant 14,451 grammes-masse, d'une section transversale constante et d'une longueur de 106, 3 cm.

45. *Capacité.* — La capacité d'un condensateur est le quotient de la quantité d'électricité qu'il contient par la différence de potentiel de ses armatures.

$$C = \frac{Q}{E}.$$

Donc $\quad C = \dfrac{L^{1/2} M^{1/2}}{L^{3/2} M^{1/2} T^{-2}} = L^{-1} T^2.$

L'unité pratique de capacité est le *farad*, qui est la capacité d'un condensateur prenant une charge de 1 coulomb, la différence de potentiel des armatures étant de 1 volt. Le farad vaut 10^{-9} unité C. G. S.

46. *Puissance électrique.* — L'unité pratique de puissance électrique est le *watt* ou *volt-ampère* ; c'est la puissance due à un courant de 1 ampère, sous une différence de potentiel de 1 volt.

On a $\qquad P = EI.$

Donc $\qquad P = L^2 M T^{-3}.$

Le watt vaut 10^7 unités C. G. S.

47. *Travail* ou *énergie électrique*. — L'unité pratique de travail électrique est le *joule* ou *volt-coulomb*; c'est le travail produit par 1 coulomb sous une différence de potentiel de 1volt. On a :

$$W = EQ = EIT.$$

Donc $\qquad W = L^2 M T^{-2}.$

Le joule vaut 10^7 unités C. G. S. ou ergs.

On emploie encore comme unité de travail le watt-heure, Il vaut 3600 joules.

Le joule vaut 0,1019 kilogrammètre.

Le tableau suivant donne les dimensions et les symboles des quantités physiques recommandées par le Congrès international des électriciens de 1893 à Chicago.

48. — *Dimensions et symboles des quantités physiques (E. Hospitalier).*

QUANTITÉS PHYSIQUES	Symboles	ÉQUATIONS de DÉFINITION	Dimensions des quantités physiques	NOMS DES UNITÉS C.G.S.	Abréviations des unités C.G.S	UNITÉS PRATIQUES	ABRÉVIATIONS des unités pratiques
FONDAMENTALES							
Longueur	L	»	L	Centimètre	cm	Mètre	m
Masse	M	»	M	Masse du gramme	g	Masse du kilogramme	kg
Temps	T	»	T	Seconde	s	Minute, heure.	m ; h.
GÉOMÉTRIQUES							
Surface	S	$S=LL$	L^2	Centimètre carré	cm²	Mètre carré	m²
Volume	V	$V=LLL$	L^3	Centimètre cube	cm³	Mètre cube	m³
Angle	$\alpha.\beta$	$\alpha=\dfrac{arc}{rayon}$	un nombre	Radian	»	Degré, minute, seconde	»
MÉCANIQUES							
Vitesse	v	$V=\dfrac{e}{t}$	LT^{-1}	Centimètre par seconde	cm : s	Mètre par seconde	m : s
Vitesse angulaire	ω	$\omega=\dfrac{v}{L}$	T^{-1}	Radian par seconde	»	Tour par minute	t : m
Accélération	a	$a=\dfrac{v}{t}$	LT^{-2}	Centimètre par seconde par seconde	cm : s²	Mètre par seconde par seconde	m : s²
Force	F	$F=Ma$	LMT^{-2}	Dyne	dyne	Gramme ; kilogramme	g ; kg
Energie ou travail	W	$W=FL$	L^2MT^{-2}	Erg	erg	Kilogrammètre	kgm
Puissance	P	$P=\dfrac{W}{t}$	L^2MT^{-3}	Erg par seconde	erg : s	Kilogrammètre par seconde	kgm : s
Pression	p	$p=\dfrac{F}{s}$	$L^{-1}MT^{-2}$	Dyne par centimètre carré	dyne : cm²	Kilogramme par centimètre carré	kg : cm²
Moment d'inertie	K	ML^2	L^2M	Gramme-masse centimètre carré	g-cm²		
MAGNÉTIQUES							
Intensité de pôle	m	$F=\dfrac{m^2}{D^2}$	$L^{\frac{3}{2}}M^{\frac{1}{2}}T^{-1}$	Pas de noms spéciaux. Faire suivre la formule de la mention *Unités C.G.S*	Pas d'abréviations	Pas d'unités pratiques spéciales	Pas d'abréviations
Moment magnétique	$\mathfrak{M}$	$\mathfrak{M}=ml$	$L^{\frac{5}{2}}M^{\frac{1}{2}}T^{-1}$				
Intensité d'aimantation	J	$J=\dfrac{\mathfrak{M}}{V}$	$L^{-\frac{1}{2}}M^{\frac{1}{2}}T^{-1}$				
Intensité de champ	$\mathcal{H}$	$\mathcal{H}=\dfrac{F}{m}$	$L^{-\frac{1}{2}}M^{\frac{1}{2}}T^{-1}$				
Flux de force magnétique	Φ	$\Phi=\mathcal{H}S$	$L^{\frac{3}{2}}M^{\frac{1}{2}}T^{-1}$				

Dimensions et symboles des quantités physiques (E. Hospitalier) (suite).

QUANTITÉS PHYSIQUES	Symboles	ÉQUATIONS de DÉFINITION	Dimensions des quantités physiques	NOMS DES UNITÉS C.G.S.	Abréviations des unités C.G.S	UNITÉS PRATIQUES	ABRÉVIATIONS des unités pratiques
Induction magnétique	$\mathfrak{B}$	$\mathfrak{B}=\mu\mathfrak{H}$	$L^{-\frac12}M^{\frac12}T^{-1}$	Pas de noms spéciaux, Faire suivre la formule de la mention : *Unités C.G.S.*	Pas d'abréviations.	Pas d'unités pratiques spéciales	Pas d'abréviations
Perméabilité (magnétique)	μ	$\mu=\dfrac{\mathfrak{B}}{\mathfrak{H}}$	un nombre				
Susceptibilité (magnétique)	x	$x=\dfrac{J}{\mathfrak{H}}$	un nombre				
Reluctivité (magnétique)	ν	$\nu=\dfrac{1}{\mu}$	un nombre				
Réluctance (résistance magnétique)	$\mathfrak{R}$	$\mathfrak{R}=\nu\dfrac{L}{\mathfrak{s}}$	L^{-1}				
ELECTROMAGNÉTIQUES							
Résistance	$R.r$	$R=\dfrac{E}{I}$	LT^{-1}			Ohm	ohm
Conductance	G	$G=\dfrac{1}{R}$	$L^{-1}T$			Mho	mho
Force électromotrice	$E.e$	$E=RI$	$L^{\frac32}M^{\frac12}T^{-2}$			Volt	v
Différence de potentiel	U,u	$U=RI$	—			—	—
Intensité de courant	$I.i$	$I=\dfrac{E}{R}$	$L^{\frac12}M^{\frac12}T^{-1}$			Ampère	A
Quantité d'électricité	$Q.q$	$Q=IT$	$L^{\frac12}M^{\frac12}$			Coulomb ; Ampère-heure	C ; A-h
Capacité	$C.c$	$C=\dfrac{Q}{E}$	$L^{-1}T^2$			Farad	F
Energie électrique	W	$W=EIT$	L^2MT^{-2}			Joule ; Watt-heure	J.W-h
Puissance électrique	P	$P=EI$	L^2MT^{-3}			Watt ; Kilowatt	W ; Kw
Résistibilité (résist. spécif.)	ρ	$\rho=\dfrac{RS}{L}$	L^2T^{-1}			Ohm-centimètre	ohm-cm
Conductibilité (conduct. spécif.)	γ	$\gamma=\dfrac{1}{\rho}$	$L^{-2}T$			»	»
Coefficient d'induction	$L.l$	$L=\dfrac{\Phi}{I}$	L			Henry	H
Force magnétisante	$\mathfrak{H}$	$\mathfrak{H}=\dfrac{4\pi NI}{L}$	$L^{-\frac12}M^{\frac12}T^{-1}$			»	»
Force magnétomotrice	$\mathfrak{F}$	$\mathfrak{F}=4\pi NI$	$L^{\frac12}M^{\frac12}T^{-1}$			Ampère-tour	A-t

CHAPITRE III

INDUCTION ÉLECTROMAGNÉTIQUE

49. *Induction.* — Lorsque l'on déplace un conducteur dans un champ magnétique, il se produit dans ce conducteur un courant électrique qui dure tant que le déplacement a lieu. Ce phénomène a été étudié par Faraday, qui l'a appelé phénomène d'*induction*. Le courant produit se nomme *courant induit*, et le circuit dans lequel il se produit *circuit induit*. Le système qui produit le champ dans lequel se développe ce phénomène est appelé *inducteur*.

Un aimant et un courant donnent tous deux naissance à un champ magnétique pouvant produire des courants induits. Dans le cas d'un courant induit par un courant, on dit que le circuit parcouru par le courant inducteur est le *circuit primaire* et que le circuit parcouru par le courant induit est le *circuit secondaire*.

Le courant induit est inverse quand il est de sens contraire au courant inducteur, et direct lorsqu'il est de même sens.

Il se produit un courant d'induction chaque fois que l'on modifie le flux de force qui traverse un circuit fermé, et la durée de ce courant est égale à celle de la variation du flux de force.

Le courant induit est inverse si le flux de force augmente; il est direct si ce flux diminue.

50. *Force électromotrice induite.* — Nous avons vu que tout courant qui se propage dans un conducteur est dû à une force électromotrice; l'induction donne donc naissance à une force électromotrice appelée *force électromotrice induite.*

Soit e la force électromotrice induite par un champ d'intensité $\mathcal{H}$ dans un circuit rectiligne se déplaçant parallèlement à lui-même, de longueur l, animé d'une vitesse v et faisant un angle α avec la direction des lignes de force, la direction du mouvement faisant un angle β avec la direction de la force exercée par le champ. On a :

$$e = \mathcal{H}lv \sin \alpha \cos \beta.$$

Cette relation a été énoncée par Faraday.

Dans un circuit fermé, la force électromotrice induite est égale au quotient de la variation du flux de force par le temps pendant lequel dure cette variation. Quand on regarde un circuit siège d'un courant induit, si le flux de force qui pénètre par sa face antérieure diminue, le courant circule dans le sens du mouvement des aiguilles d'une montre; si au contraire ce flux augmente, le courant circule en sens inverse.

51. *Loi de Lenz.* — Le sens d'un courant induit est toujours tel qu'il tend à gêner le mouvement.

Cette loi peut s'exprimer également de la manière suivante:

Le sens du courant induit dans un circuit par une

variation du flux de force est tel, qu'il s'oppose à chaque instant à la variation du flux de force qu'il produit lui-même.

52. *Quantité d'électricité induite.* — Cette quantité est égale au quotient de la variation du flux de force par la résistance du circuit. Soient Φ' et Φ'' les flux de force et $\Phi = \Phi' - \Phi''$

$$Q = \frac{\Phi' - \Phi''}{R} = \frac{\Phi}{R}.$$

53. *Induction mutuelle.* — Lorsque l'on met dans le voisinage l'un de l'autre deux circuits dont l'un est traversé par un courant, il se produit dans l'autre circuit un flux de force. Le rapport du flux de force embrassé par le circuit induit à l'intensité de courant dans le circuit inducteur est appelé coefficient d'induction mutuelle :

$$Lm = \frac{\Phi}{I}.$$

54. *Self-induction.* — Si, au lieu de considérer l'action d'un courant, passant dans un circuit, sur un autre circuit, on considère l'action de ce courant sur son propre circuit, il y a également production d'un flux de force, donnant naissance à une force électromotrice de sens contraire à celle qui produit le courant primitif. On appelle cette force électromotrice *force contre-électromotrice de self-induction.* Le coefficient de self-induction est le quotient du flux de force produit par l'intensité du courant qui circule dans le fil.

Quand on fait passer un courant dans une bobine, il se produit un phénomène de self-induction, et il y a absorption d'une certaine quantité d'énergie qui reste emmagasinée à l'état potentiel ; si on interrompt brusquement le courant, cette énergie se manifeste et produit un *extra-courant*.

55. *Courant alternatif.* — Si dans un circuit inducteur on fait varier l'intensité de 0 à I et de I à 0, on produit dans le circuit induit un courant ayant un certain sens pendant la première partie du cycle et un sens opposé pendant la seconde. Ces deux courants de signes contraires seront égaux ; si les variations sont rapides, on obtiendra une succession de courants égaux et de signes contraires, ou ce que l'on nomme un *courant alternatif*. Il sera facile, au moyen d'un commutateur, de ramener ces courants à avoir le même sens ; on obtiendra alors ce que l'on appelle un *courant continu*.

CHAPITRE IV

DONNÉES PRATIQUES RELATIVES AUX COURANTS
ÉLECTRIQUES, AU MAGNÉTISME ET A L'ÉLECTROMAGNÉTISME

56. *Résistance.* — (5). La résistance d'un conducteur étant proportionnelle à un facteur dépendant de la nature du corps, ce facteur est appelé *résistance spécifique, résistivité* ou *résistibilité*. On mesure cette résistivité en *ohms-centimètre*, ou encore pour les faibles résistivités en *micromhs-centimètre*; c'est-à-dire qu'on indique en ohms ou en microhms (1 microhm $= 0,000001$ ohm) la résistance que présente un centimètre cube du corps entre deux de ses faces parallèles. La table (57) donne la résistance et la résistance des métaux et alliages usuels à la température de 0° C.

Il y a lieu de tenir compte de la température, car la résistance varie avec elle; cette résistance, pour les corps conducteurs, augmente avec la température. Cette variation peut être déterminée approximativement, pour les métaux, au moyen de la formule

$$R = R_0 (1 + a\theta + b\theta^2),$$

dans laquelle R est la résistance à la température θ en degrés centigrades, R_0 la résistance à la température 0 en degrés centigrades, et a et b des coefficients dépendant de la nature du corps.

Le coefficient b étant presque toujours très petit, on le néglige généralement ; ainsi, pour les métaux purs sa valeur est en moyenne $= 0,00000125$. Dans la table (57) nous indiquons la valeur de a pour les différents corps.

Les métalloïdes et les liquides présentent en général une résistance beaucoup plus considérable que les métaux. Nous donnons (58) les résistivités des principaux corps de cette catégorie.

57. Résistance des métaux et alliages à la température de 0° C., en ohms.

NATURE DES CONDUCTEURS	RÉSISTIVITÉ — Microhms-centimètre	RÉSISTANCE d'un fil de 1000ᵐ de longueur et de 1 mm² de section — Ohms	VALEUR de a (56) vers 20° C.
MÉTAUX			
Acier manganésifère	68,000	680,000	0,00122
Aluminium recuit	2,912	29,120	0,0039
Antimoine comprimé	35,500	855,000	0,00389
Argent écroui	1,620	16,200	0,00385
— recuit	1,492	14,920	0,00377
Bismuth comprimé	130,100	1301,00	0,00354
Cuivre écroui	1,621	16.210	0,00410
— recuit	1,598	15,980	0,00388
Étain comprimé	13,103	131,03	0,00365
Fer recuit	9,716	97,16	0,0050
Mercure	94,340	943,40	0,00072
Nickel recuit	12,356	123,56	0,0050
Or écroui	2,077	20,77	»
— recuit	2,041	20,41	0,00365
Platine recuit	8,981	89,81	0,00247
Plomb comprimé	19,465	194,65	0,00387
Zinc comprimé	5,580	55,80	0,00365
ALLIAGES			
Alliage, 2 or + 1 argent	10,870	108,70	0,00065
— 2 platine + 1 argent	24,390	243,90	0,00031
— 9 platine + 1 iridium	21,633	216,33	0,00133
Bronze d'aluminium	12,31	123,10	0,00105
Coustantan	50,000	500,00	0
Ferro-Nickel recuit	78,300	783,00	0,00093
Maillechort	20,930	209,30	0,00044
Métal blanc Grammont (écroui)	24,00	240,00	0,0002
— — (recuit)	22,7	227,00	0,00038
Nickeline	45,000	450,00	0,0021
Platinoïde (Maillechort et tungstène)	32,800	328,00	0,00021

58. *Résistivités des métalloïdes et des liquides.*

Charbon de cornue, résistivité 66750 microhms-cm,
Graphite — — 2400 à 42000 —
Charbons à lumière — 4000 à 8000 —

Pour les charbons la résistance diminue quand la température augmente.

Phosphore résistivité 20° C. 132 ohms-cm.

Soufre au point d'ébullition 440° — 0,56 mégohms-cm.
— en fusion 250° — 510 d°

Acide sulfurique étendu, densité de 1,70, résistivité en
ohms-centimètre à 16° C. . 4,23
— étendu, densité de 1,60, — en
ohms-centimètre à 16° C. . 2,75
— étendu, densité de 1,50, — en
ohms-centimètre à 16° C. . 1,72
— étendu, densité de 1,40, — en
ohms-centimètre à 16° C. . 1,05
— étendu, densité de 1,30, — en
ohms-centimètre à 16° C. . 0,950
— étendu, densité de 1,25, — en
ohms-centimètre à 16° C. . 0,874
— étendu, densité de 1,20, — en
ohms-centimètre à 16° C. . 0,850
— étendu, densité de 1,15, — en
ohms-centimètre à 16° C. . 0,970
— étendu, densité de 1,10, — en
ohms-centimètre à 16° C. . 1,563
— étendu, densité de 1,05, — en
ohms-centimètre à 16° C. . 1,800
— étendu, densité de 1,003, — en
ohms-centimètre à 16° C. . 16,000

Dissolution de *Sulfate de cuivre*	8 °/$_0$ à 14° C.	45,7
— —	28 °/$_0$ —	24,7
Dissolution de *Sulfate de zinc*	10 °/$_0$ à 18° C.	31,0
— —	50 °/$_0$ —	22,6
— de *Chlorure de sodium*	5 °/$_0$ —	15,00
— —	25 °/$_0$ —	4,70

59. *Isolants.* — Les substances présentant une très grande résistance spécifique sont appelées *isolants*. En général leur résistance varie avec les conditions dans lesquelles elles se trouvent ; elle est variable avec la température, avec le temps pendant lequel la substance est soumise au courant électrique, avec la pression à laquelle elle est soumise, etc. Nous donnons ci-dessous les résistivités moyennes des principaux de ces corps.

Caoutchouc à 0° C.	32000×10^6 mégohms-cm.
— 24° C.	7500×10^6
Gutta-Percha varie de 25 à	500×10^6 —
Verre ordinaire	91×10^6 —
Cristal	6000×10^6 —
Gomme laque	9000×10^6 —
Mica	84×10^6 —
Ébonite	28000×10^6 —
Paraffine	34000×10^6 —
Fibre vulcanisée	12,5 —
Ivoire	12 —
Papier ordin. (Pression 2 kg. : cm²)	2500×10^6 —
Huile de goudron	1670×10^6 —
Acide stéarique	350×10^6 —
Huile lourde de paraffine .	8×10^6 —
Huile d'olive	1×10^6 —

60. *Propriétés magnétiques des fers, fontes et aciers.* Dans les tableaux suivants nous donnons les différentes valeurs de l'intensité d'aimantation, de la susceptibilité, de la perméabilité, de l'induction, etc., dans ces corps.

61. *Constantes d'aimantation du fer doux.*
(Schelford-Bidwell.)

INTENSITÉ DU CHAMP $\mathcal{H}$	INTENSITÉ d'aimantation $\mathcal{J}$	SUSCEPTIBILITÉ $\varkappa$	PERMÉABILITÉ μ	INDUCTION MAGNÉTIQUE $\mathcal{B}$
3,0	537	151,0	1899,1	7390
5,7	735	128,9	1621,3	9240
10,3	918	89,1	1121,4	11550
17,7	1083	61,2	770,2	13630
22,2	1147	51,7	650,9	14450
30,2	1197	39,7	500,0	15100
40,0	1226	30,7	386,4	15460
78,0	1337	17,1	216,5	16880
115,0	1370	11,9	150,7	17330
145,0	1403	9,7	122,6	17770
203,0	1452	7,0	88,8	18470
293,0	1474	5,0	64,2	18820
362,0	1489	4,1	52,7	19080
427,0	1504	3,5	45,3	19330
465,0	1508	3,2	41,8	19470
503,0	1510	3,0	38,7	19480
557,0	1517	2,7	35,2	19630
585,0	1530	2,6	33,9	19820

62. *Tableau des propriétés magnétiques des fers,*

ÉCHANTILLONS	TREMPE	ANALYSE	
		carbone total	manganèse
Fer forgé	Recuit	»	»
Fonte malléable	—	»	»
Fonte grise	»	»	»
Acier doux Bessemer	»	0,045	0,200
Acier doux Whitworth	Recuit	0,090	0,153
— —	—	0,320	0,138
— —	Trempé à l'huile	—	—
— —	Recuit	0,890	0,165
— —	Trempé à l'huile	—	—
Acier manganésifère Hadfield	»	1,005	12,360
Acier manganésifère	Sortant de forge	0,674	4,730
—	Recuit	—	—
—	Trempé à l'huile	—	—
—	Sortant de forge	1,298	8,740
—	Recuit	—	—
—	Trempé à l'huile	—	—
Acier silicié	Sortant de forge	0,685	0,694
—	Recuit	—	—
—	Trempé à l'huile	—	—
Acier chromé	Sortant de forge	0,532	0,393
—	Recuit	—	—
—	Trempé à l'huile	—	—
—	Sortant de forge	0,687	0,028
—	Recuit	—	—
—	Trempé à l'huile	—	—
Acier tungsténique	Sortant de forge	1,357	0,036
—	Recuit	—	—
—	Trempé à l'eau froide	—	—
—	Trempé à l'eau tiède	—	—
— (français)	Trempé à l'huile	0,511	0,625
—	Très dur	0,855	0,312
Fonte grise	»	3,455	0,173
Fonte truitée	»	2,581	0,610
Fonte blanche	»	2,036	0,386
Spiegeleisen	»	4,510	7,970

La force coercitive est la mesure de l'intensité qu'il
Les échantillons cités dans ce tableau ont été soumis

fontes et aciers (Expériences du docteur J. Hopkinson).

CHIMIQUE				RÉSISTANCE spécifique microhms en	PROPRIÉTÉS MAGNÉTIQUES				ÉNERGIE perdue en ergs par cm³
soufre	silicium	phosphore	divers		maximum d'induct. spécifique	induction spécifique résiduelle	force coercitive	force démagn.	
»	»	»	»	13,78	18251	7248	2,30	»	18356
»	»	»	»	32,54	12408	7479	8,80	»	33742
»	»	»	»	105,60	10783	3928	3,80	»	13037
0,030	pas trace	0,040	»	10,50	18196	7860	2,96	»	17137
0,016	—	0,042	»	10,80	19840	7080	1,63	»	10290
0,017	0,042	0,035	»	14,46	18736	9840	6,73	»	40120
—	—	—	»	13,90	18796	11040	11,00	»	65790
0,005	0,081	0,019	»	15,59	16120	10740	8,26	»	42370
—	—	—	»	16,93	16120	8736	19,38	»	99401
0,038	0,204	0,070	»	65,54	310	»	»	»	»
0,023	0,608	0,078	»	53,68	4623	2202	23,50	37,13	34570
—	—	—	»	39,28	10578	5848	33,86	46,10	113963
—	—	—	»	50,56	4769	2158	27,64	40,29	41941
0,024	0,094	0,072	»	69,93	747	»	»	»	»
—	—	—	»	63,16	1985	540	24,30	50,39	15474
—	—	—	»	70,66	733	»	»	»	»
—	3,438	0,133	»	61,63	15148	11073	9,49	12,60	45740
—	—	—	»	61,85	14701	8149	7,80	10,74	36485
—	—	—	Chrome	61,95	14696	8084	12,75	17,14	59619
0,020	0,220	0,011	0,621	20,16	15778	9318	12,24	13,87	61439
—	—	—	—	19,42	14848	7570	8,98	12,24	42425
—	—	—	—	27,08	13960	8395	38,15	48,15	169455
—	0,134	0,043	1,195	17,91	14680	7568	18,40	22,03	85944
—	—	—	—	18,49	13233	6489	15,40	19,79	64842
—	—	—	Tungstène	30,35	12868	7891	40,80	56,70	167050
pas trace	0,043	0,047	1,649	22,49	15718	10144	15,71	17,75	78568
—	—	—	—	22,50	16498	11008	15,30	16,93	80315
—	—	—	—	22,74	»	»	»	»	»
—	—	—	—	22,49	15610	9482	30,10	34,70	149500
—	0,021	0,028	3,444	36,04	14180	8643	47,07	64,46	216864
»	0,151	0,089	2,353	41,27	12133	6818	51,20	70,69	107660
0,042	2,044	0,151	Graphite 2,064	114,00	9148	3161	13,67	17,03	39789
0,405	1,476	0,435	1,477	62,86	10346	5108	12,24	—	41072
0,467	0,764	0,458	pas trace	56,64	9342	5554	12,24	20,40	36383
traces	0,502	0,128	»	105,20	385	77	»	»	»

faut donner au champ pour annuler l'induction.
à l'action d'un champ $\mathcal{H} = 240$ unités C.G.S.

CHAPITRE V

63. *Galvanomètre.* — Toutes ou presque toutes les mesures électriques nécessitent l'emploi de galvanomètres. Ceux-ci se composent essentiellement d'une aiguille aimantée, placée à l'intérieur d'un cadre sur lequel est enroulé un fil conducteur dans lequel on fait passer le courant qu'il s'agit de mesurer. Nous allons décrire les principaux de ces appareils.

64. *Boussole des tangentes.* — La boussole des tangentes servant à mesurer l'intensité des courants est formée (fig. 5) d'une aiguille aimantée, montée dans une boîte C. Cette boîte peut être rendue exactement horizontale au moyen de vis calantes V qui supportent l'appareil; la boussole est entourée par un cadre M d'assez grand diamètre sur lequel est enroulé un fil conducteur auquel on donne des dimensions variables suivant l'intensité à mesurer. Pour se servir de l'appareil comme boussole des tangentes, il faut assurer au cadre une position parfaitement verticale.

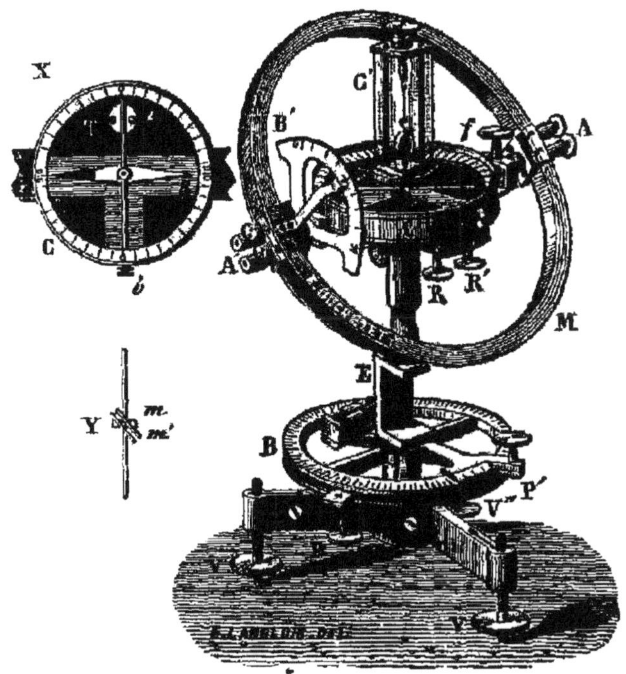

Fig. 5. — Boussole des tangentes.

On oriente le cercle M suivant la direction du méridien magnétique ; l'aiguille aimantée se trouve dans le même plan ; si alors on fait passer un courant électrique dans le circuit du cercle vertical, l'aiguille dévie de sa position primitive et fait avec celle-ci un angle dont on lit la valeur sur un cercle divisé au-dessus duquel se meut l'aiguille. Soit NS (fig. 6)

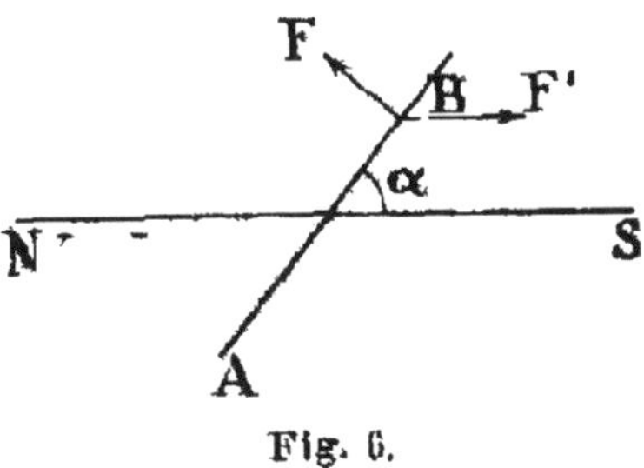

Fig. 6.

la direction du cadre vertical, et AB la direction que prend l'aiguille sous l'action d'un courant d'intensité I, cette direction AB faisant un angle α avec la ligne NS. Soit F la force développée par le courant et F' la force due à l'action terrestre.

On a : $$F = F' \operatorname{tg} \alpha ;$$

et, comme la force F est proportionnelle à l'intensité du courant, on voit que cette intensité est proportionnelle à la tangente de l'angle de déviation ; d'où le nom de *boussole des tangentes*. La boussole sera d'autant plus sensible que l'angle α sera plus petit ; c'est-à-dire que l'augmentation de déviation pour une même augmentation de courant sera d'autant plus considérable que α sera plus près de 0.

Pour que la relation donnée précédemment soit exacte, la dimension de l'aiguille par rapport au cadre vertical doit être aussi petite que possible. En pratique, l'aiguille est formée d'un très petit barreau aimanté sur l'axe d'oscillation duquel est montée une aiguille plus longue et excessivement légère de façon à ce que la lecture des angles soit facile.

65. *Boussole des sinus.* — La boussole des sinus est constituée à peu près de la même façon que la boussole des tangentes ; seulement le cadre est de dimension plus petite et l'aiguille aimantée est longue. La fig. 7 représente une boussole des sinus.

Quand on fait passer le courant dans le circuit du cadre, il se produit une déviation de l'aiguille aimantée. On déplace alors le cadre jusqu'à ce qu'il se trouve dans le même plan que l'aiguille ; à ce moment, la force F due à l'action du courant est normale à la direction de l'aiguille. On a :

$$F = F' \sin \alpha.$$

De là le nom de *boussole des sinus*.

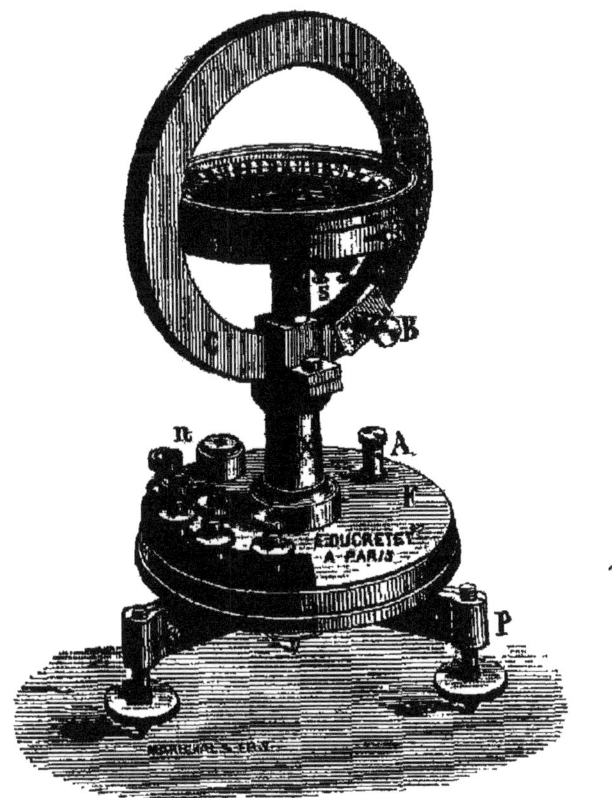

Fig. 7. — Boussole des sinus.

On voit facilement que dans cet appareil la sensibilité augmente avec l'angle α ; il y a donc avantage à avoir des angles aussi grands que possible; on ne peut pourtant pas dépasser 90°.

66. *Mesure d'un courant avec la boussole des tangentes ou des sinus.* — Nous savons que dans la boussole des tangentes on avait $F = F'$ tg α.

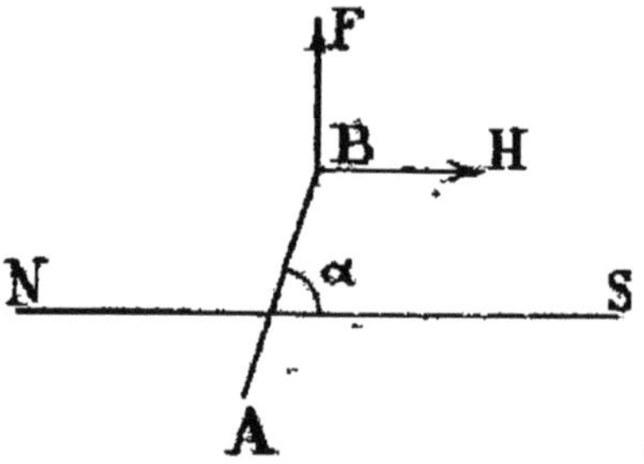

Pour un courant d'intensité I la force produite par ce courant est proportionnelle à I, à la longueur L du circuit et au moment magnétique $\mathcal{M}$ de l'aiguille, et inversement proportionnelle au carré du rayon du cercle r.

Fig. 8.

On a donc

$$F = \frac{\mathcal{M}LI}{r^2}.$$

Mais $\qquad L = 2\pi r;$

Donc $\qquad F = \frac{2\pi}{r} I\mathcal{M}.$

La force F due à l'action terrestre est égale à $H\mathcal{M}$, H étant la composante horizontale du magnétisme terrestre ; donc

$$\frac{2\pi}{r} I\mathcal{M} = H\mathcal{M} \text{ tg } \alpha$$

$$I = H \text{ tg } \alpha \frac{r}{2\pi}.$$

Par le même raisonnement on arrivera pour la boussole des sinus à la formule

$$I = H \sin \alpha \frac{r}{2\pi}.$$

Il faut donc connaître dans les deux cas les valeurs $\frac{rH}{2\pi}$; c'est ce que l'on nomme la *constante* du galvanomètre.

Pour déterminer cette constante, on observe la déviation donnée par un courant d'intensité connue; on en déduit la constante de l'instrument. Généralement on représente sur la boussole des tangentes cette constante par l'intensité qui produit une déviation de 45 degrés, angle pour lequel la tangente est égale à l'unité. On peut encore déterminer la constante en comparant la boussole à un appareil étalon.

67. *Galvanomètre de Nobili*. — Le galvanomètre de Nobili (fig. 9 et 10) est composé d'un système d'aiguilles *astatiques* suspendues par un fil et se mouvant dans un cadre sur lequel est enroulé le fil conducteur du courant. Le système astatique a été employé par Nobili pour augmenter la sensibilité de son appareil. La figure 11 représente un système astatique; il est formé de deux aiguilles aimantées placées l'une au-dessus de l'autre, les pôles de sens contraires se faisant face. L'action du magnétisme terrestre est ainsi presque complètement annulée. L'une des aiguilles est à l'intérieur du cadre galvanométrique et l'autre au-dessus, de façon à donner une action plus considérable au courant.

Les aiguilles portent un index qui se meut sur un cadran divisé; ce qui permet de lire ainsi facilement les déviations de l'aiguille.

Fig. 10. — Galvanomètre de Nobili.

Fig. 9. — Galvanomètre de Nobili.

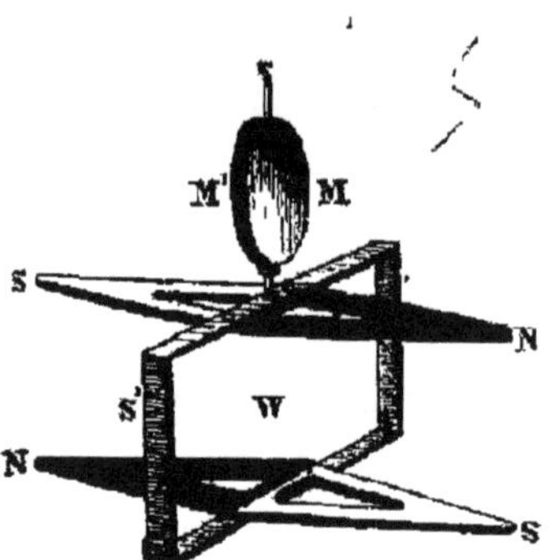

Fig. 11. — Système astatique.

68. *Echelle et miroir.* — Dans tous les galvanomètres portant une aiguille se déplaçant sur un cercle divisé, la lecture des petites déviations est difficile et présente peu d'exactitude. Sir W. Thomson, pour remédier à cet inconvénient, a imaginé de placer sur le fil de suspension de l'aiguille aimantée un petit miroir sur lequel on fait tomber un rayon lumineux. Ce rayon est réfléchi par le miroir et va se projeter sur une échelle divisée, placée à une certaine distance. La plus petite déviation devient ainsi lisible.

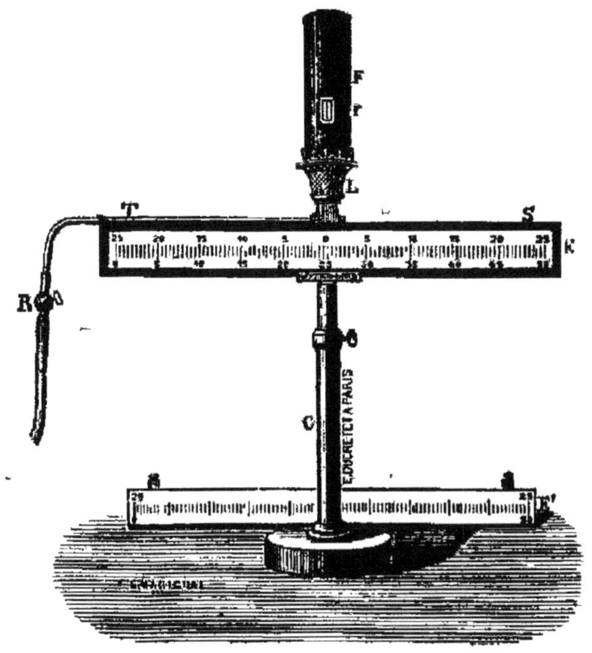

Fig. 12. — Échelle divisée.

La fig. 12 fait voir une disposition d'échelle divisée, avec la lampe envoyant le rayon lumineux. On fait des échelles opaques ou transparentes, de façon à permettre la lecture directement ou par transparence.

69. *Galvanomètre de sir W. Thomson.* — Le galvanomètre de sir W. Thomson, représenté par les fig. 13

et 14, est un des appareils les plus sensibles employés pour les mesures électriques. Il est essentiellement formé d'un système astatique B' placé au centre et sous une bobine de fil fin BO. Le système astatique est supporté par un fil de cocon portant un miroir M ; ce fil est fixé à sa partie supérieure à une vis S qui permet de régler sa position. Tout cet équipage est enfermé dans un cylindre de cuivre T monté sur un axe vertical CC'. Des vis ca-

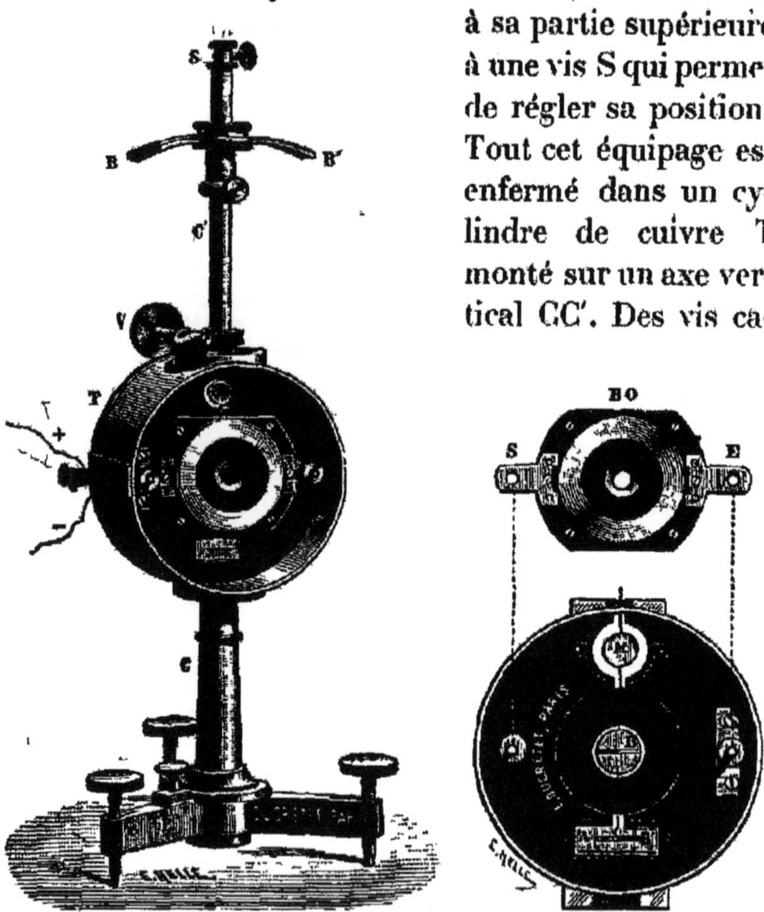

Fig. 13 et 14. — Galvanomètre de Sir W. Thomson.

lantes permettent d'en régler la position ; une autre vis V permet de faire tourner le cylindre autour de l'axe et de l'amener dans la position voulue. Un aimant directeur BB', placé à la partie supérieure de l'appareil, permet d'annuler l'action de la terre ; en faisant varier sa position, on lui donne une action plus ou moins prépondérante, et, par conséquent, on modifie la sensibilité de l'appareil. Pour obtenir le maximum de sensibilité, on place l'aimant directeur de façon à ce que son action soit opposée à celle de la terre, le pôle Nord tourné vers le Nord, puis on l'abaisse jusqu'à ce que les deux actions se neutralisent, et on le remonte légèrement de façon à laisser une petite force directrice sur l'aiguille.

Dans cet appareil, l'aimant étant très réduit par rapport aux bobines, on a $I = C \operatorname{tg} \alpha$; mais, comme on n'emploie que des angles très petits, variant entre 0° et 7°, on peut admettre que les intensités sont proportionnelles aux déviations observées sur l'échelle. Afin qu'on puisse rester dans ces limites de déviation, les bobines BO sont amovibles et peuvent être remplacées par d'autres de résistance appropriée au courant.

Dans un autre appareil représenté fig. 15, le système astatique a été remplacé par un assemblage de petits barreaux aimantés, et il y a deux bobines au lieu d'une seule. Le fil de cocon porte en B et B' deux petits disques de verre sur chacun desquels sont collés quatre petits barreaux aimantés ; entre ces deux disques se trouve en M le miroir et à la partie inférieure du fil, en A, une petite plaque d'aluminium destinée, par la résistance qu'elle offre en se déplaçant dans l'air, à rendre l'appareil *apériodique*, c'est-à-dire à faire prendre de suite aux barreaux une position

bien déterminée sans oscillation. Les deux disques
sont placés au centre des deux bobines BO, et chacune de ces bobines est elle-même divisée en deux

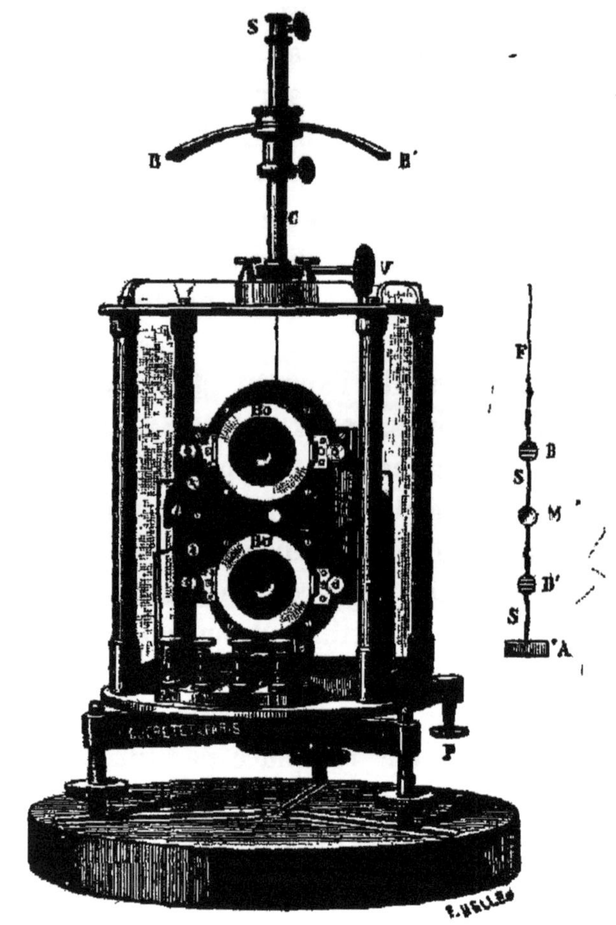

Fig. 15. — Galvanomètre de Sir-W. Thomson.

parties démontables, de façon à ce que l'on puisse
facilement changer les bobines et visiter le système
magnétique. En outre, les bobines sont disposées pour

que l'on puisse les coupler soit en tension, soit en quantité. La résistance totale des 4 bobines en série varie généralement entre 5000 et 8000 ohms. Cet appareil comporte aussi un aimant directeur BB' et est également enfermé dans une cage de verre.

70. *Galvanomètre de Wiedemann modifié par le Dr d'Arsonval.* — Ce galvanomètre très sensible (fig. 16) est formé d'un aimant A en forme d'U, fixé à l'extrémité d'une petite tige *t* portant le miroir M ; le tout est suspendu par un fil de cocon qui vient s'enrouler sur une vis S'. L'aimant se trouve dans une masse en cuivre dont le but est de rendre les déviations apériodiques ; les bobines H et H' qui entourent l'aimant sont montées sur une règle divisée sur laquelle on peut les faire glisser, ce qui permet de régler l'action du courant sur l'aimant et d'approprier cet appareil aux mesures des diverses intensités.

71. *Galvanomètre apériodique Deprez-d'Arsonval.* — Le galvanomètre Deprez-d'Arsonval diffère essentiellement des appareils précédents en ce que l'aimant est fixe et le cadre sur lequel est enroulé le circuit dans lequel passe le courant à mesurer est mobile.

Ce galvanomètre, représenté par la fig. 17, est formé d'un aimant en fer à cheval composé de plusieurs lames ; entre les branches de cet aimant est suspendu le cadre galvanométrique ; le fil de suspension est métallique, de façon à amener le courant au fil du cadre ; le tout est maintenu rigide par un ressort auquel est fixé le fil inférieur servant également de conducteur. Le fil supérieur porte un miroir ou une aiguille pouvant se mouvoir sur un cadran divisé.

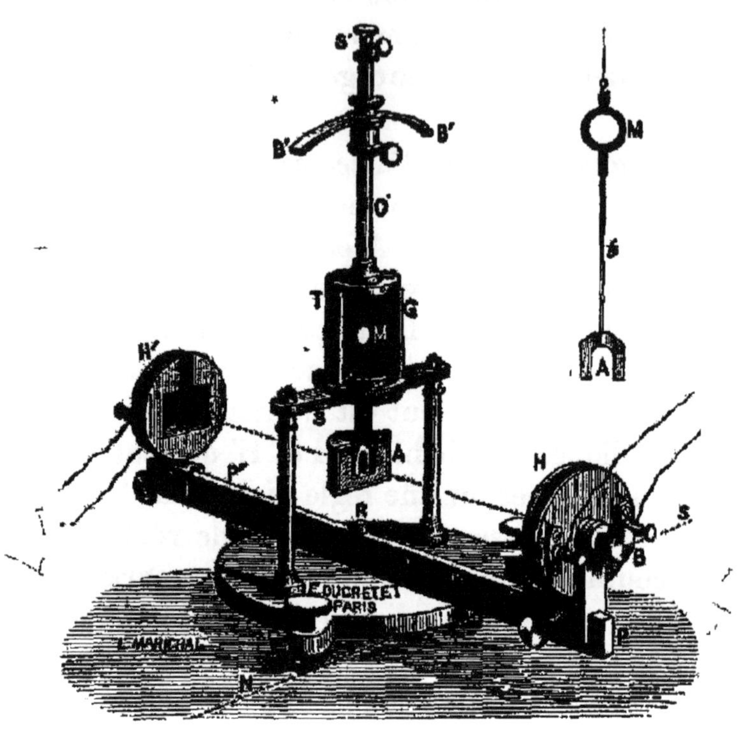

Fig. 16. — Galvanomètre de Wiedemann modifié
par le Dr d'Arsonval.

Au centre du cadre mobile se trouve un cylindre en fer doux qui s'aimante par influence; toutes les lignes de force se trouvent ainsi concentrées et on obtient un champ magnétique plus intense. Si on ferme en court circuit les deux bornes de l'appareil, il se produit dans le cadre galvanométrique des courants induits dont l'action tend à s'opposer au mouvement et l'aiguille revient très vite au zéro. Ces galvanométres, construits par M. Carpentier, ont généralement un cadre de 200 ohms de résistance et donnent une déviation de 1 millimètre sur l'échelle placée à 1 mètre

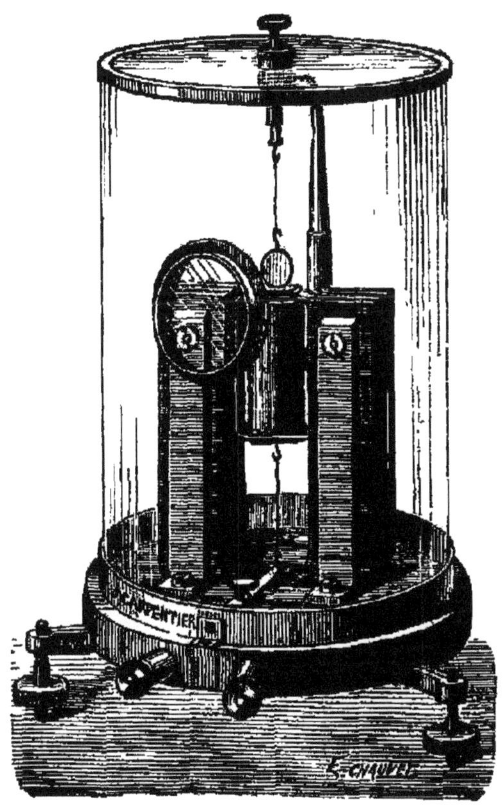

Fig. 17. — Galvanomètre apériodique Deprez-d'Arsouval.

pour un courant de 0,0000005 ampère. Ces appareils sont très employés actuellement.

72. *Galvanomètre apériodique Ducrétet et Lejeune.* Cet appareil, basé sur les mêmes principes que le précédent, est formé d'aimants horizontaux dont l'épaisseur totale correspond à la longueur du circuit induit. Les figures 18 et 19 représentent deux modèles de ce galvanomètre. Il est composé de cinq aimants disposés horizontalement. Le premier modèle comporte un circuit mobile étroit placé entre les ex-

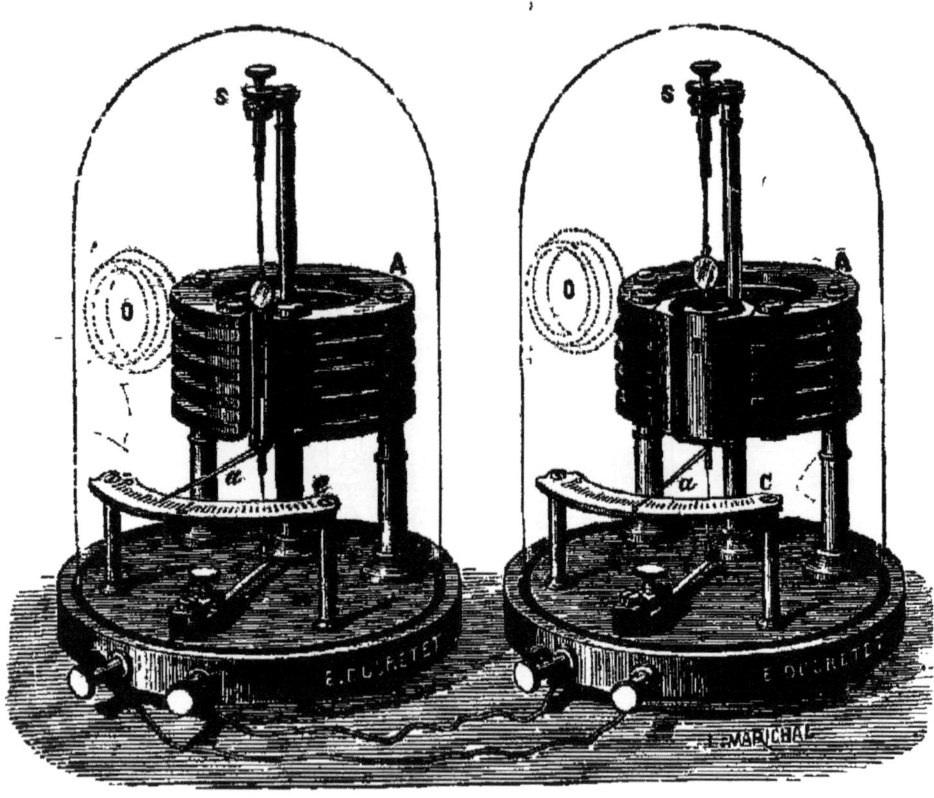

Fig. 18 et 19. — Galvanomètres Ducrétet et Lejeune.

trémités polaires très rapprochées des aimants. On obtient ainsi des déviations apériodiques. L'autre appareil a une sensibilité beaucoup plus grande; les extrémités des aimants portent des épanouissements, et un cylindre de fer doux est placé à l'intérieur du cadre. On obtient de la sorte un champ très intense et uniforme dans toutes les parties où se déplace le cadre. Les déviations sont donc proportionnelles sur une très grande étendue de l'échelle. En outre les aimants étant placés horizontalement sur toute la hauteur du cadre, on a un champ uniforme, ce qui n'existe pas dans les appareils à aimants verticaux pour lesquels le champ est plus intense à la hauteur des pôles.

Dans ces galvanomètres, le fil est enroulé sur un cadre en argent, ce qui donne une apériodicité beaucoup plus considérable à l'appareil.

Les fils de suspension portent un miroir et une aiguille se déplaçant devant un cadran divisé.

Dans les figures ci-dessus les deux appareils sont montés sur un même circuit, ce qui permet de faire voir leurs sensibilités relatives. En effet, si on écarte légèrement de sa position d'équilibre l'aiguille de l'appareil à cadre étroit, il se produira une très grande déviation dans l'autre appareil et *vice-versa*.

73. *Shunts.* — Tous les galvanomètres que nous venons de décrire sont montés pour mesurer des courants de faible intensité. Si on veut mesurer des courants d'une intensité relativement assez grande, il faut réduire la sensibilité de l'appareil, afin de ramener la déviation à des limites convenables et de ne pas risquer de détériorer l'appareil. A cet effet, on emploie un *shunt*, c'est-à-dire que l'on établit une dérivation entre les deux bornes de l'instrument, dans lequel il ne passe plus alors qu'une partie du courant. Les shunts sont, en général, construits de façon à réduire la sensibilité du galvanomètre à $\frac{1}{10}$, à $\frac{1}{100}$ ou à $\frac{1}{1000}$.

Il reste à déterminer la valeur de la résistance à intercaler entre les bornes d'un galvanomètre, pour obtenir cette réduction. Soit G la résistance du galvanomètre, I l'intensité du courant et x la résistance cherchée pour réduire la sensibilité à $\frac{1}{n}$ ou celle pour laquelle il ne passera que $\frac{1}{n}$ du courant dans le galvanomètre. On sait que, d'après la loi des circuits dérivés, les intensités sont inversement proportionnelles aux résistances; l'intensité dans le galvanomètre sera $\frac{1}{n}$ du courant total et, par suite, elle sera $\frac{n-1}{n}$ dans le shunt.

$$\text{Donc} \quad \frac{\frac{1}{n}}{\frac{n-1}{n}} = \frac{x}{G} \cdot \qquad \text{D'où } x = \frac{G}{n-1} \cdot$$

Si on fait $n = 10$, on voit que $x = G\frac{1}{9}$; pour $n = 100$, $x = G\frac{1}{99}$; et pour $n = 1000$, $x = \frac{1}{999}G$.

En pratique, les shunts sont formés de bobines de résistance enfermées dans une boîte. La figure 20 représente un modèle de shunt, et la fig. 21 le diagramme de couplage des résistances. On voit que, si l'on établit un contact entre A et D, par exemple, on aura établi entre M et N une dérivation égale à $\dfrac{1}{999}$ de la résistance du galvanomètre. On aura donc réduit la sensibilité du galvanomètre à $\dfrac{1}{1000}$. M et N communiquant avec les deux bornes du galvanomètre, si I est l'intensité totale du courant et i l'intensité du courant passant dans le galvanomètre shunté, on a, G et S étant les résistances du galvanomètre et du shunt,

$$I = i + i\frac{G}{S} = i\left(1 + \frac{G}{S}\right).$$

$1 + \dfrac{G}{S}$ est appelé *pouvoir multiplicateur du shunt*; c'est la quantité par laquelle il faut muliplier la déviation produite dans le galvanomètre shunté pour avoir la déviation que donnerait le courant total sans le shunt. Lorsqu'on établit une dérivation entre les bornes du galvanomètre, on réduit la résistance totale du circuit; mais il est souvent nécessaire que cette résistance reste constante. Pour cela il faut établir dans le circuit une nouvelle résistance qui le ramène à la résistance primitive; on la nomme *résis-*

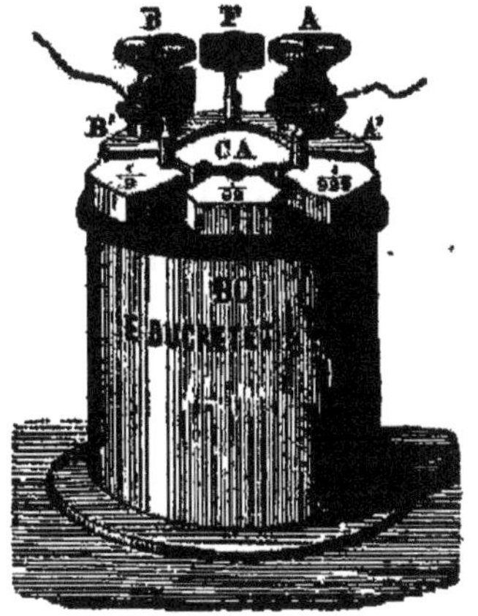

Fig. 20. — Shunt.

tance de compensation. Soit ρ cette résistance; elle doit être telle que

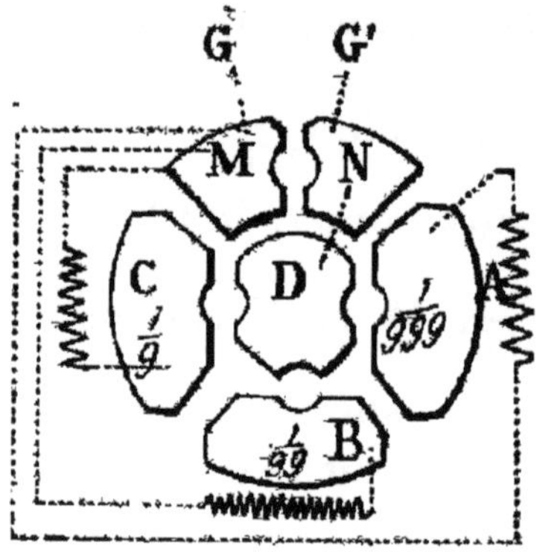

Fig. 21. — Diagramme d'un Shunt.

$$G = \rho \times \frac{G+S}{G}$$

(voir Résistance réduite (6),

d'où : $\rho = \dfrac{G^2}{G+S}.$

74. *Electrodynamomètres.* — Ces appareils sont basés sur l'action d'un courant sur un courant. On fait passer le courant à mesurer dans deux circuits, l'un fixe et l'autre mobile ; la déviation obtenue permet de mesurer l'intensité du courant. Les déviations sont proportionnelles au carré de l'intensité du courant. Un des grands avantages des électrodynamomètres consiste en ce qu'ils peuvent servir à la mesure des courants alternatifs, car le courant change de sens en même temps dans le circuit fixe et dans le circuit mobile. La déviation a donc toujours le même sens.

75. *Electrodynamomètre de Siemens.* — Cet appareil est certainement le plus répandu. Il se compose essentiellement d'un cadre fixe autour duquel peut se mouvoir un cadre mobile formé d'une seule spire ; ce cadre mobile prend ses contacts dans des godets de mercure ; il porte une aiguille. Pour faire une lecture, on ramène les deux cadres à avoir une position perpendiculaire l'un à l'autre, en agissant sur le bouton auquel est fixé le fil de torsion. Cette position est indiquée quand l'aiguille du cadre mobile est à 0. Une autre aiguille, solidaire du bouton, indique l'angle de torsion qui est proportionnel au carré de l'intensité. Connaissant la constante de l'instrument, c'est-à-dire l'angle de torsion pour un courant déterminé, il est facile de calculer l'intensité du courant que l'on mesure.

76. *Electrodynamomètre* de M. *Pellat* ou *Ampère-étalon.* — Cet appareil de grande précision est formé d'une bobine verticale qui sert de support à un fléau de balance dont l'une des extrémités porte un poids fixe et l'autre un plateau lui faisant équilibre ; le tout est monté sur un couteau qui traverse la bobine, et est placé à l'intérieur d'une grande bobine fixe. Sous l'action du courant la bobine intérieure tend à tourner autour de son axe ; on la ramène à l'équilibre en chargeant le plateau de poids marqués. L'intensité du courant est égale à la racine carrée du poids, multipliée par une constante dépendant de l'appareil et du lieu. Avec cet appareil on peut mesurer un courant de 0,5 ampère à $\frac{1}{2000}$ près, la balance étant sensible à $\frac{1}{10}$ de milligramme.

77. *Electrodynamomètre absolu de Berget.* — Cet appareil représenté par la fig. 22 est basé sur le même principe que le précédent. Il est formé d'une longue bobine B à axe horizontal, mobile sur deux rails R. Cette bobine peut venir en recouvrir une deuxième T, mobile sur un fléau de balance *ll* (fig. 22). A cet effet, la bobine T est placée à l'extrémité d'un support A en bois qui peut s'engager à l'intérieur de B. Le courant à mesurer passe dans les deux bobines, et, sous son action, la bobine T prend une certaine inclinaison ; on la ramène à la position verticale en plaçant des poids sur le plateau de la balance. Un miroir *m* placé sur la bobine mobile réfléchit l'image d'une échelle E. éclairée par une lampe M, dans une lunette L à laquelle l'observateur place un œil. On peut ainsi déterminer la position exacte d'équilibre.

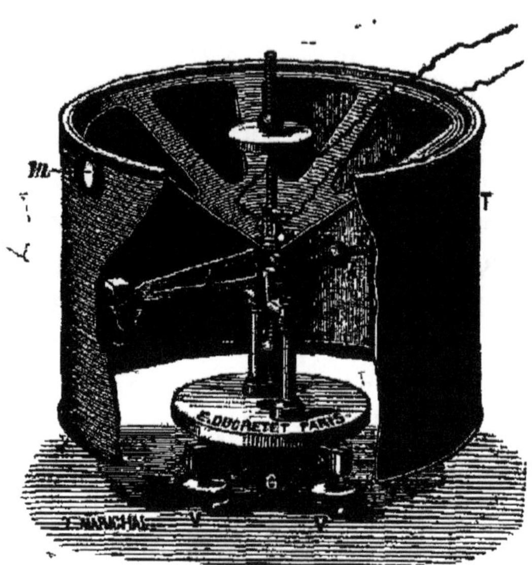

Fig. 22. — Electrodynamomètre absolu de Berget.

L'intensité du courant est donnée, comme précédemment, par la formule

$$i = C \sqrt{p}$$

Dans cet appareil, 1 ampère est équilibré par 6, 5 g.

environ, et la balance est sensible à $\frac{1}{10}$ milligramme.

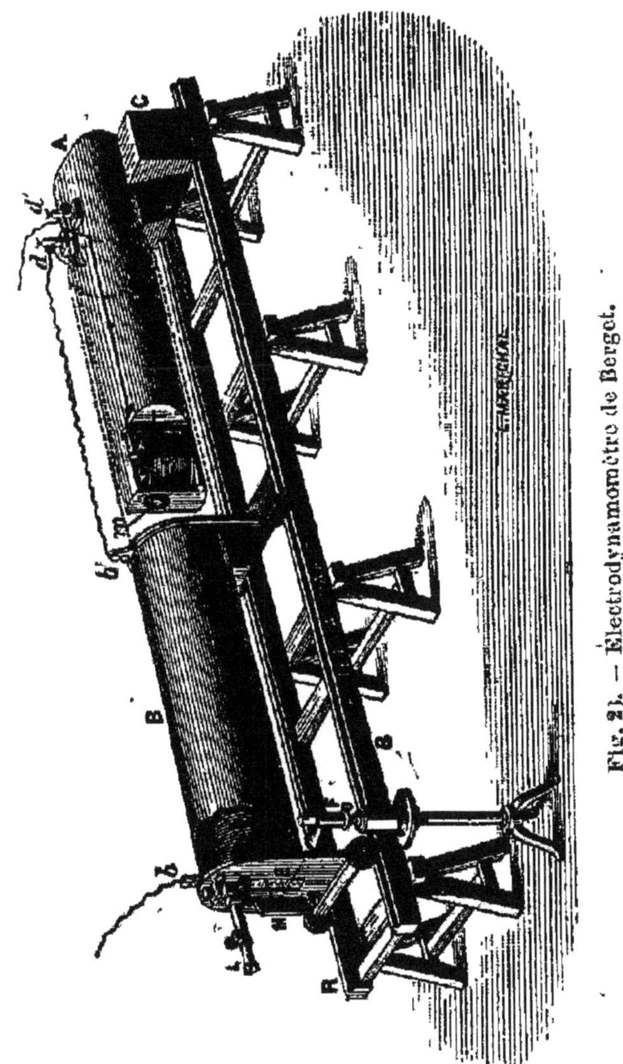

Fig. 24. — Électrodynamomètre de Berget.

On peut donc mesurer l'intensité du courant à $\frac{1}{65000}$ près.

4

78. *Appareils étalonnés.* — Dans l'industrie on mesure les courants au moyen d'appareils dont la lecture donne directement l'intensité ou la différence de potentiel. Ces appareils sont appelés *ampèremètres* et *voltmètres*. Il existe une grande quantité de ces instruments; nous allons décrire seulement les principaux.

79. *Ampèremètres et voltmètres Desprez-Carpentier.* — Cet appareil, fig. 24 et 25, est excessivement apériodique et très robuste; il est formé de deux bobines de gros fil (proportionné à l'intensité du courant maximum à mesurer) entre lesquelles se trouve un petit barreau de fer doux, mobile autour d'un axe qui lui est perpendiculaire; et sur lequel est montée une aiguille très légère se déplaçant sur un cadran divisé. Le barreau de fer doux est polarisé par l'action de deux aimants demi-circulaires très puissants. La graduation est tracée

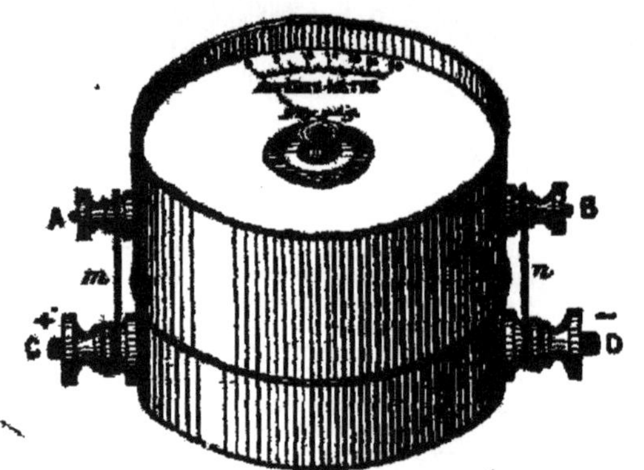

Fig. 24. — Ampèremètre Deprez-Carpentier.

empiriquement par comparaison avec un appareil étalon et donne directement l'intensité du courant en ampères. Généralement ces appareils ne sont gradués que dans un seul sens à partir de la position d'équilibre de l'aiguille; on doit donc y faire passer le courant dans un sens déterminé. Pour cela on place l'ampèremètre directement dans le circuit en reliant le pôle positif à la borne de gauche, et le pôle négatif à la borne de droite.

Le voltmètre est identique à l'ampèremètre ; seulement les bobines de gros fil, présentant une résistance excessivement faible, sont remplacées par une seule bobine de fil très fin et, par suite, de grande résistance. La graduation est établie en volts. On fait communiquer les bornes de l'appareil avec les deux points entre lesquels on veut mesurer la différence de potentiel. La résistance du

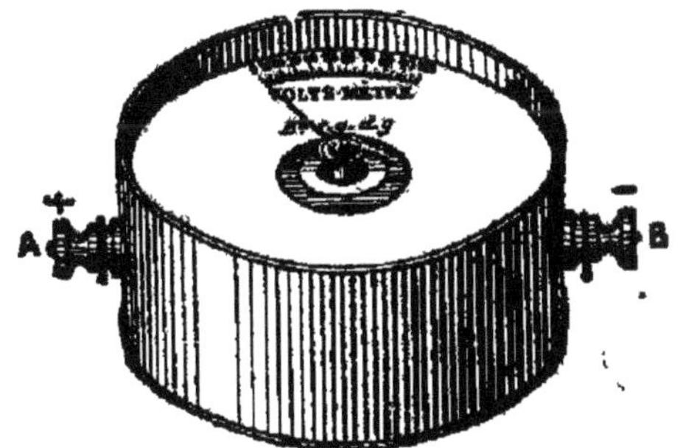

Fig. 25. — Ampèremètre Deprez-Carpentier.

voltmètre étant constante, l'intensité du courant qui le traverse est proportionnelle à la différence de potentiel, d'après la loi d'Ohm. Pour les mesures usuelles, les bobines de ces instruments ont une résistance voisine de 2000 ohms.

80. *Ampèremètre et Voltmètre Desruelles et Chauvin.*— Ces appareils sont formés d'une bobine A (fig. 25) enroulée de gros fil ou de fil fin, suivant le cas. Dans l'intérieur, une bande de fer B est placée de manière à former un rayon et une partie de la circonférence ; elle se prolonge, en se rétrécissant, dans l'intérieur de la bobine sur les trois quarts environ de la circonférence ; elle prend ainsi la forme indiquée par la figure 26.

Au centre de la bobine se trouve un axe O portant l'aiguille indicatrice ; sur cet axe est montée une petite plaque mobile C qui, au repos, vient s'appuyer sur la bande de fer B. En outre, un ressort spiral tend toujours à ramener ces pièces au contact.

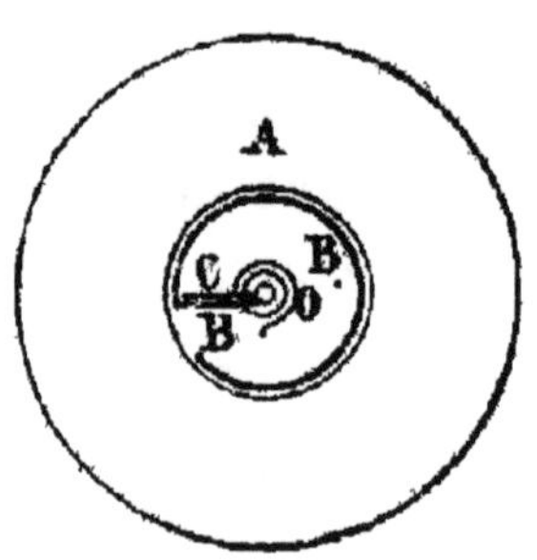

Fig. 26. — Voltmètre Deruelles et Chauvin.

Dès que le courant passe dans l'appareil, les deux plaques s'aimantent et prennent la même polarité ; elles se repoussent donc, et cela d'autant plus que l'aimantation est plus énergique et, par conséquent, que le courant est plus intense dans la bobine.

Dans le voltmètre la bobine est construite pour que l'appareil puisse rester continuellement en circuit, ce qui rend ces instruments commodes

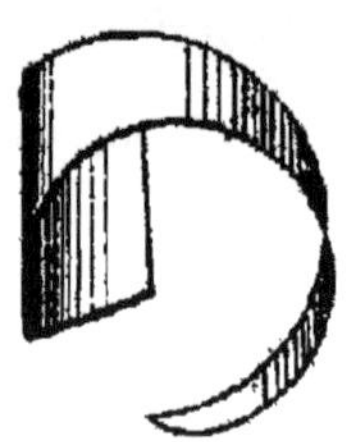

Fig. 27.

pour les mesures industrielles. La graduation est faite empiriquement.

81. *Ampèremètre et Voltmètre Richard.* — Ces appareils sont formés d'un électro-aimant A, à deux branches, devant lequel se trouve une palette en fer doux B, montée sur un axe O parallèle à celui des bobines de l'électro-aimant ; un contrepoids P tend continuellement à ramener à zéro l'aiguille indicatrice en aluminium. La palette présente une surface gauche et inclinée par rapport au plan perpendiculaire à l'axe O. La courbure est telle que, quand la palette dévie sous l'action du courant, sa surface se rapproche de l'électro-aimant et, par conséquent, les lignes de force tendent à se raccourcir.

Les voltmètres devant rester continuellement en circuit, les constructeurs ont ajouté à l'appareil une résistance

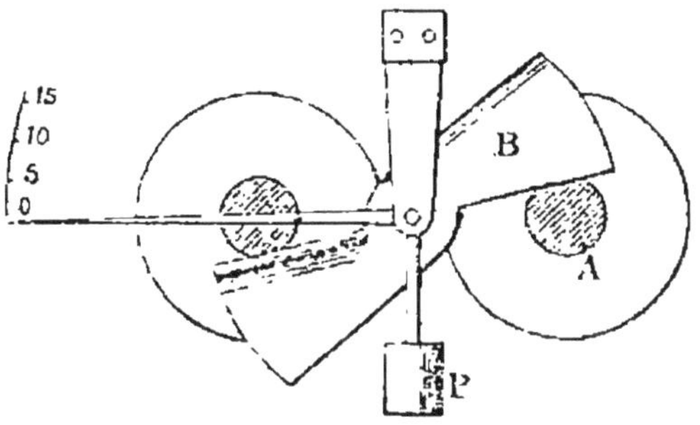

Fig. 28 — Ampèremètre Richard.

supplémentaire, de façon que l'intensité ne soit pas trop grande pour la grosseur du fil. Les noyaux de fer

Fig. 29 — Voltmètre enregistreur Richard.

doux de l'électro-aimant sont très courts, afin de diminuer autant que possible l'hystérésis ; en outre, la distance d'entrefer entre la palette et l'électro-aimant est assez grande pour que ce phénomène n'ait qu'une action négligeable sur les indications de l'instrument.

L'action magnétique dans ces appareils est assez puissante pour permettre de monter l'aiguille sur l'axe d'un pignon commandé par un secteur denté, actionné directement par la palette, de sorte qu'au lieu de n'utiliser qu'une partie du cadran pour inscrire les divisions, on peut l'employer sur un angle de 270°, ce qui rend les lectures beaucoup plus faciles, les divisions étant plus grandes.

Fig. 30. — Ampèremètre enregistreur Richard.

Cette grande énergie de l'action magnétique a permis également de rendre ces appareils enregistreurs. A cet effet, le style porte à son extrémité une plume munie d'un petit réservoir dans lequel on met de l'encre ; cette plume se déplace devant une feuille de papier fixée sur un cylindre vertical dans l'intérieur duquel se trouve un mouvement d'horlogerie lui faisant faire un tour en 24 heures. Sur le papier sont tracées des lignes verticales indiquant les heures, et des lignes horizontales donnant l'intensité ou la différence de potentiel. La fig 28 représente un voltmètre et la fig. 30 un ampèremètre enregistreurs.

82. *Galvanomètre de sir W. Thomson.* — Cet appareil a sur les précédents l'avantage de présenter une assez grande sensibilité; mais son maniement est beaucoup plus délicat. Il est formé d'une bobine verticale B (fig. 31) dans le fil de laquelle on fait passer le courant à mesurer; cette bobine est montée à l'extrémité

Fig. 31. — Voltmètre de Sir William Thomson.

d'une planchette horizontale A sur laquelle peut se placer une aiguille aimantée fixée dans une boîte triangulaire. L'aiguille est formée de quatre petits barreaux aimantés portant un long index en aluminium qui se déplace sur un cadran divisé ; le fond de la boîte est formé d'une glace, ce qui permet de faire des lectures exactes en plaçant l'œil de sorte que la pointe de l'index vienne recouvrir son image. Sur la boîte est monté un aimant directeur M qui se déplace avec elle ; une vis S permet de faire varier la position de l'aimant de manière à ramener l'aiguille au zéro. On peut faire varier la sensibilité de l'appareil en éloignant l'aiguille de la bobine. La planchette porte une graduation qui indique par quel nombre il faut multiplier la lecture faite pour obtenir l'intensité ou la différence de potentiel, suivant que l'appareil est un ampèremètre ou un voltmètre.

83. — *Voltmètre de Cardew.* — Cet appareil est basé sur un tout autre principe que ceux que nous venons de décrire ; on y a utilisé l'action calorifique des courants. En effet, lorsqu'on fait passer un courant électrique dans un conducteur, il se produit un échauffement de ce conducteur, échauffement dépendant de sa résistance et de l'intensité du courant, et, par suite, de la différence de potentiel. On démontre que la chaleur développée est proportionnelle au carré de la différence de potentiel. Il se produit donc une dilatation du fil dans lequel passe le courant, puisqu'il y a échauffement. Dans le voltmètre de Cardew, on emploie un fil composé d'un alliage de platine et d'argent, ayant une longueur de 4 m ; une des extrémités du fil agit sur une aiguille qui se déplace sur un cadran gradué en volts.

Dans cet appareil la dilatation est indépendante du

sens du courant; on peut donc l'employer à mesurer la différence de potentiel des courants alternatifs.

84. *Voltmètre calorimétrique Richard.* — Le voltmètre calorimétrique construit par la maison Richard est identique au précédent ; la forme seule diffère ; il est représenté par la figure 30. Le fil fixé en K passe sur de petites poulies en matière isolante *a* et vient s'attacher à un ressort *r* qui le maintient continuellement tendu ; à son point d'attache *s* avec le ressort, il est fixé à un levier qui commande l'aiguille indicatrice ; celle-ci inscrit la déviation sur un papier enroulé sur un tambour, l'appareil étant enregistreur.

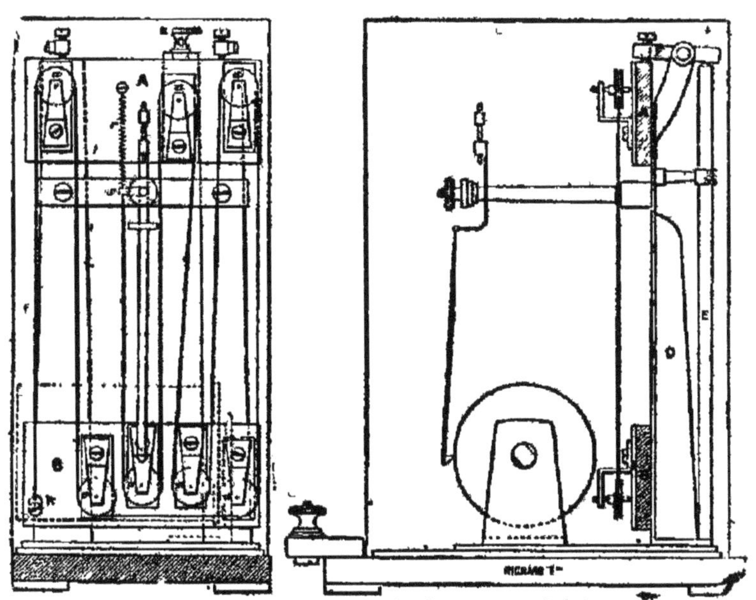

Fig. 32. — Voltmètre calorimétrique Richard.

La température ambiante exerce évidemment une influence sur les indications de l'appareil, la dilatation du bâti n'étant pas la même, pour une élévation de température déterminée, que celle du fil. Pour remédier à cet inconvénient, les poulies supérieures sont montées sur une pièce A que l'on peut élever ou abaisser au moyen de la vis *c*. Derrière l'appareil se trouve une tige E dont la dilatation par l'intermédiaire du levier F compense la dilatation du bâti.

85. *Mesure des résistances.* — La mesure des résistances est l'opération la plus élémentaire et la plus fréquente que l'on ait à faire dans l'industrie. Il y a plusieurs méthodes employées pour la mesure des résistances, suivant que l'on a affaire à un circuit simple, à un circuit présentant de la self-induction, ou à un circuit étant le siège d'une force électromotrice. Dans presque tous les cas on se sert d'une batterie de piles, d'un galvanomètre et de résistances connues.

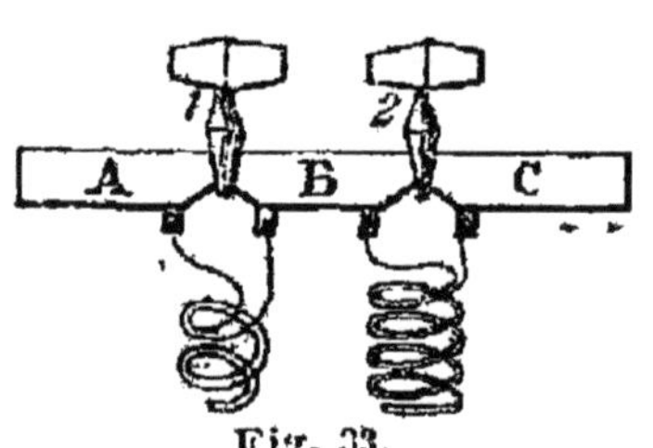

Fig. 33.

En général, les résistances sont groupées dans des boîtes de façon à ce que leur manipulation soit facile. Chaque résistance est formée d'un fil en maillechort ou en alliage de platine-argent, recouvert de soie et enroulé sur une bobine, le tout noyé dans de la paraffine pour assurer l'isolement. Les deux extrémités du fil d'une bobine sont reliées chacune à un bloc de cuivre, ces deux blocs pouvant être réunis par une clef, et le même bloc étant mis en communication avec les extrémités des deux bobines voisines, ainsi que le représente la figure 33. Si le courant passe de la barre A à la barre C, en enlevant une des clefs on l'obligera à passer par la résistance correspondante. La figure 34 représente une boîte contenant des résistances de 1, 2, 3, 4, 5, 10 ohms. On fixe en A et B les deux extrémités du circuit amenant le courant; dans la figure la clef F, correspondant à la résistance de 10 ohms, est supposée enlevée; on a donc introduit dans le circuit 10 ohms de résistance.

L'unité de résistance étant l'ohm, on a créé des étalons de l'ohm. Un des plus usités est constitué par un fil en maillechort enfermé

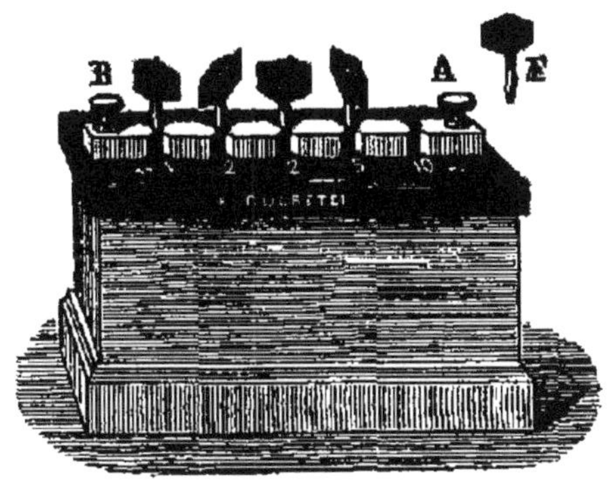

Fig. 34. — Boîte de résistances.

dans une boîte de laiton; les extrémités du fil sont prolongées par des tiges en cuivre de grosse section que l'on fait plonger dans des godets de mercure dans lesquels aboutissent les extrémités du circuit amenant le courant. La résistance de l'appareil représenté par la figure 35 variant avec la température, on a disposé à l'intérieur un thermomètre permettant de

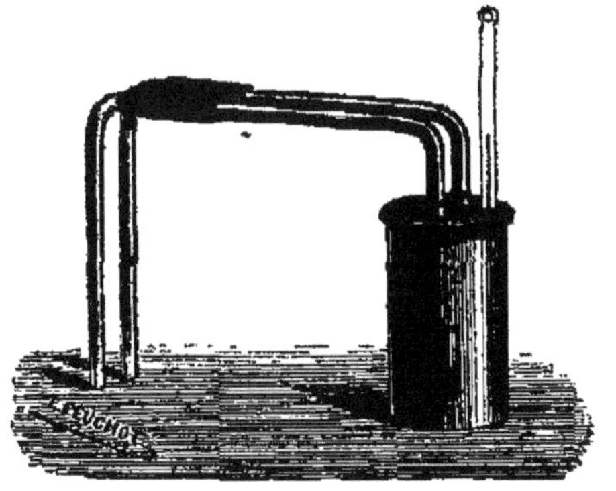

Fig. 35. — Ohm étalon.

faire les corrections nécessaires. Si l'on ne veut pas

faire de corrections, on peut plonger l'appareil dans un bain amené à la température à laquelle l'étalonnage a été fait, température indiquée sur l'appareil.

86. *Pont de Wheatstone.* — La méthode la plus usuelle pour la mesure de la résistance d'un circuit simple est celle dite du pont de Wheatstone. Considérons un circuit ABC sur lequel nous établissons une dérivation ADC et supposons que les deux points

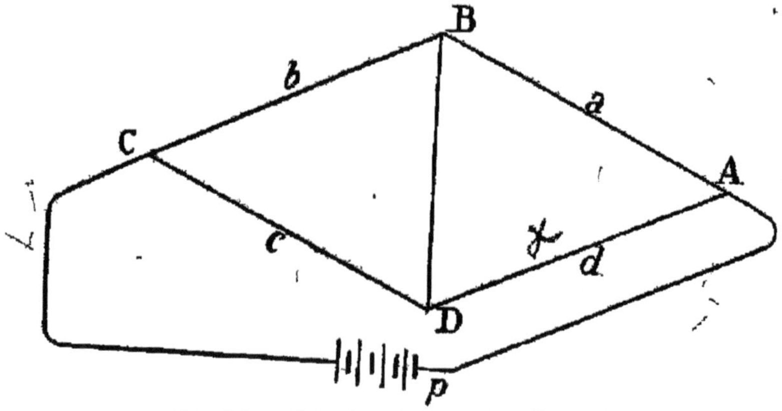

Fig. 36. — Principe du pont de Wheatstone

B et D soient au même potentiel ; joignons-les par un conducteur ; le potentiel étant le même en ces deux points, il ne passera aucun courant dans BD. Soient u et u' les potentiels en A et C et u'' en B et D, $a\ b\ c\ d$ les résistances des conducteurs AB, BC, CD et DA. On a, d'après la loi d'Ohm :

$$\frac{u-u''}{a}=\frac{u''-u'}{b} \quad \text{ou} \quad \frac{u-u''}{u''-u'}=\frac{a}{b}$$

et
$$\frac{u-u''}{d}=\frac{u''-u'}{c} \quad \text{ou} \quad \frac{u-u''}{u''-u'}=\frac{d}{c}$$

donc $\dfrac{a}{b}=\dfrac{d}{c}$. Cette relation détermine les valeurs relatives des résistances, pour qu'aucun courant ne traverse la branche BD. Si donc on constate, au moyen d'un galvanomètre, qu'il ne passe aucun courant dans BD et si l'on connaît trois des résistances *abcd*, on pourra calculer la quatrième.

Soit d la résistance inconnue, on a :

$$d=\dfrac{ac}{b}.$$

On voit que l'on peut arriver à déterminer d en se donnant le rapport $\dfrac{a}{b}$ et en faisant varier c, ou bien en se donnant c et faisant varier $\dfrac{a}{b}$.

En pratique, on place entre B et D un galvanomètre avec une clef; on relie les extrémités A et B aux deux pôles d'une pile, en ayant soin d'intercaler une clef de contact; entre A et B on place une boîte de résistance contenant les résistances 10, 100, 1000 ; de même entre B et C ; entre C et D une boîte contenant les résistances 1, 2, 3, 5, 10, 10, 20, 50, 100, 100, 200, 500, 1000, 2000, et entre D et A la résistance à mesurer. On a généralement une idée approximative de celle-ci ; on détermine alors en conséquence le rapport $\dfrac{a}{b}$. Si la résistance est faible, on prend $\dfrac{a}{b}$ plus petit que 1 en débouchant dans a la résistance 10 par exemple, et dans b la résistance 1000, ce qui donne $\dfrac{a}{b}=\dfrac{10}{1000}=\dfrac{1}{100}$; si, au contraire, on estime que la résistance à mesurer est assez grande, on débouche en a une résistance plus grande que dans b, soit 1000 en a et 100 en b; on a :

$$\frac{a}{b} = \frac{1000}{10} = 100.$$ Une fois $\frac{a}{b}$ déterminé, on fait varier c jusqu'à ce qu'il n'y ait plus de déviation au galvanomètre; la résistance cherchée est alors égale à la résistance c multipliée par $\frac{a}{b}$. La figure 37 représente la réalisation pratique de l'expérience.

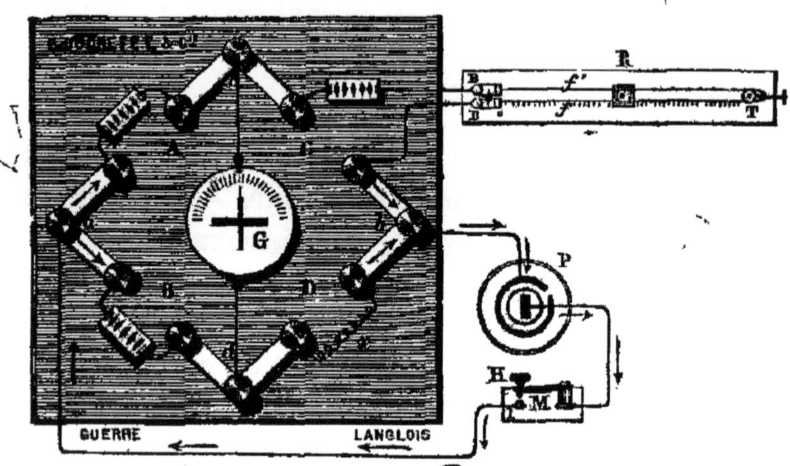

Fig. 37. — Montage du pont de Wheatstone.

Dans la diagonale cd est placé un galvanomètre G, et dans la diagonale ab une pile P et une clef de contact M; en D, entre deux bornes, la résistance cherchée x; en A et B les résistances formant le rapport; et en C la résistance variable R. Ici cette résistance est représentée par un fil dont on peut faire varier la longueur et, par suite, la résistance. Dans le cas de la figure on a :

$$D \text{ ou } x = C \times \frac{B}{A}.$$

Cette disposition est assez commode parce qu'elle représente exactement la figure théorique du pont de Wheatstone, mais elle est peu employée; on préfère réunir toutes les résistances dans une même boîte;

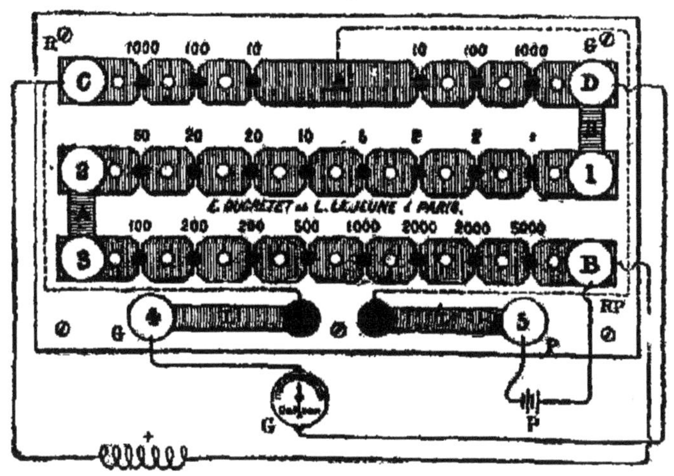

Fig. 38. — Boîte à pont.

dans ce cas les résistances sont disposées ainsi que l'indique la figure 38. Les sommets du losange sont les points BDAC. Dans la diagonale CD se trouve le galvanomètre G avec la clef L, et dans la diagonale AB, la pile P avec la clef L'; la résistance à mesurer est fixée entre C et B. La résistance variable, qui se trouve entre D et B, est formée de résistances graduées comme une série de poids, et on opère comme pour une pesée. Dans ces opérations, il faut avoir soin de ne faire passer le courant que juste le temps nécessaire pour s'assurer qu'il n'y a aucune déviation au galvanomètre, sans quoi on risquerait de compromettre l'isolement des résistances et de polariser la pile; on ferme d'abord le circuit de la pile et ensuite celui du galvanomètre, en appuyant rapidement sur la clef de ce dernier.

Fig. 39. — Boîte à pont.

La figure 39 représente en perspective une *boîte à pont* construite par la maison Carpentier.

La disposition des boîtes à pont varie à l'infini. Dans un modèle assez commode, les résistances sont disposées en décade, c'est-à-dire qu'elles sont placées sur 4 rangées de 10; les rangées correspondant aux unités, dizaines, centaines et mille, chaque rangée comporte 10 résistances égales qui valent chacune 1 ohm pour la rangée des unités, 10 ohms pour les dizaines, 100 pour les centaines et 1000 pour les mille.

Les extrémités de chaque bobine sont fixées à des plots successifs; mais, au lieu de pouvoir mettre ces plots en communication entre eux, on peut les réunir avec une barre commune pour chaque dizaine, ainsi que le re-

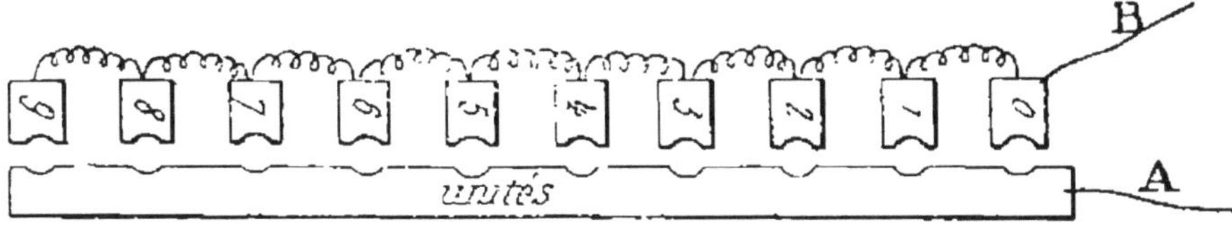

Fig. 40. — Connexions d'une boîte à décades.

présente la figure 40. Les communications étant établies entre A et B, si on met la fiche entre 5 et la barre, par exemple, on aura intercalé dans le circuit 5 ohms, le courant étant obligé de passer par toutes les résistances comprises entre 5 et 0 et chacune d'elles

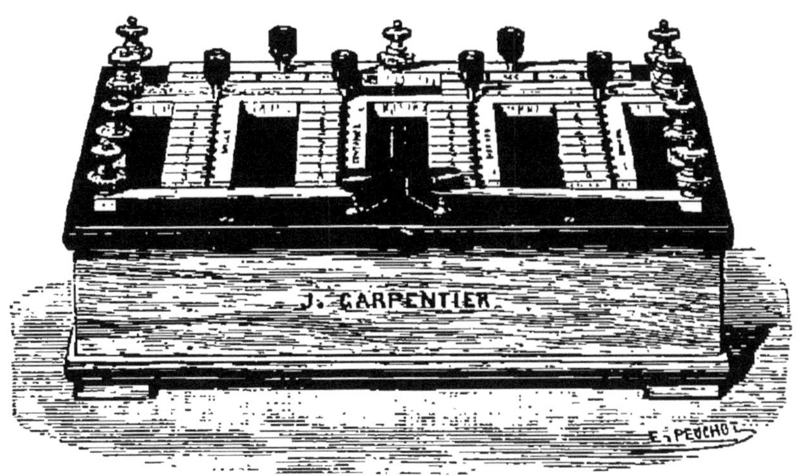

Fig. 41. — Boîte à pont à décades.

ayant 1 ohm. Une boîte à pont de ce type est représentée par la figure 41. Avec cet appareil on obtient

une exactitude peut-être un peu plus grande qu'avec
les autres boîtes ; le nombre des clefs étant réduit à
quatre, il doit donc y avoir moins d'erreurs par défaut de contact.

Les boîtes à décades peuvent encore être disposées
d'une autre manière : au lieu de 4 barres, elles comportent 4 cadrans, ainsi que le représente la figure 42.
Les blocs auxquels sont fixées les extrémités des ré-

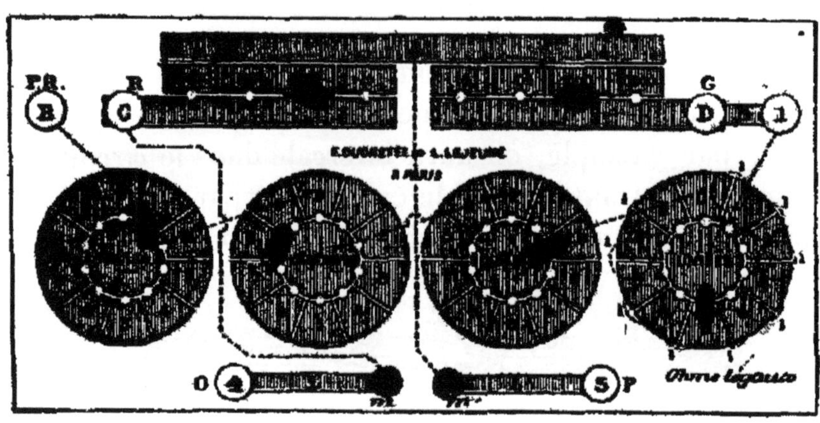

Fig. 42. — Boîte à décades à cadrans.

sistances sont disposés suivant une circonférence, et
au centre se trouve la pièce qui reçoit le courant. Les
connexions sont établies, ainsi que l'indique la figure,
de 1 au centre des unités, puis du 0 des unités au centre des dizaines, etc. ; les résistances sont indiquées
par les chiffres placés en face de chaque clef : ainsi,
dans la figure 42, la résistance totale indiquée est de
1825 ohms.

Dans certains appareils on remplace les fiches par
un curseur tournant autour d'un axe fixé au centre

du cadran et dont l'extrémité vient frotter sur les plots.

88. *Pont à curseur.* — Pour les mesures de très faibles résistances, on emploie de préférence le pont

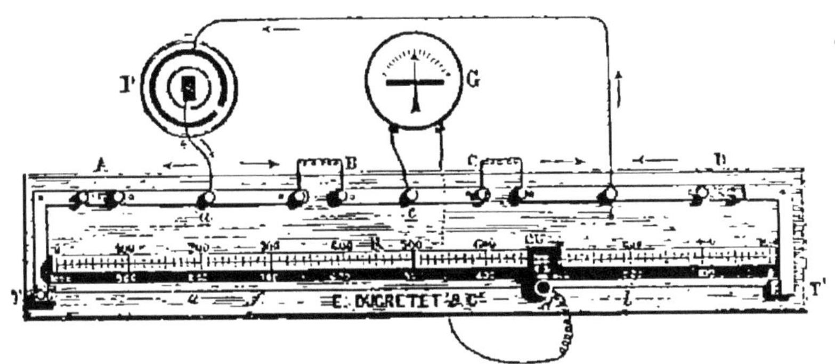

Fig. 43. — Pont à curseur.

à curseur représenté par la figure 43. Dans cet appareil, au lieu de se donner le rapport $\dfrac{a}{b}$ et de faire varier c, on se donne cette dernière résistance et on fait varier $\dfrac{a}{b}$.

L'appareil est formé d'une planchette sur laquelle est fixé un fil de maillechort très fin TT' placé au-dessus d'une règle divisée R. Les extrémités du fil sont fixées à une barre de cuivre interrompue en quatre points ABCD. Un curseur glissant sur le fil permet d'y établir un contact en un point quelconque. On place en B une résistance connue et en C la résistance à mesurer. Le galvanomètre est fixé d'une part en c entre les deux joints B et C, et d'autre part au curseur; la pile est fixée en a et b. On voit ainsi que le fil représente les deux côtés a et b du pont et que, en faisant varier la position du curseur, on modifiera le rapport $\dfrac{a}{b}$ dont on lira la valeur directement sur la règle divisée qui a un mètre de longueur. Dans le cas des mesures ordinai-res, on ferme les ouvertures A et D par des plaques de cuivre de résistance négligeable. Si on veut une très grande sensibilité, on remplace ces plaques de cuivre par des résistances connues, ce qui revient au même que si l'on augmentait la longueur du fil.

88 *bis. Positions relatives du galvanomètre et de la pile.* — Nous avons vu que, dans la méthode du pont, le galvanomètre était placé dans une diagonale et la pile dans une autre. Le rapport $\dfrac{c}{x} = \dfrac{a}{b}$ sera tou-jours vrai si on change ces appareils de diagonale, mais cela n'est pourtant pas indifférent; on doit placer l'appareil qui présente la plus grande résistance, gé-néralement le galvanomètre, entre les deux plus gran-des résistances d'une part, et les deux plus faibles d'autre part; en outre, on doit choisir les deux résis-tances a et b d'autant plus grandes que la résistance c et la résistance cherchée sont plus grandes.

89. *Résistance du galvanomètre.* — Dans toutes les mesures il est utile de connaître la résistance du galvanomètre. Si on prend un second galvanomètre, on peut faire la mesure par la méthode du pont en considérant le galvanomètre dont on veut mesurer la résistance comme une résistance ordinaire; il faut seulement avoir soin de fixer le cadre mobile. Si l'on ne possède pas d'autre galvanomètre, on emploie l'une des méthodes suivantes :

1° *Méthode de l'égale déviation.*— On place en circuit le galvanomètre de résistance G muni d'un shunt de résistance S, une pile de résistance négligeable P et une boîte de résistance R, fig. 44.

Soit A la résistance débou-chée dans la boîte R ; on obtient une certaine dévia-tion α. On enlève alors le shunt S et on débouche dans la boîte R une résistance B telle que la déviation soit toujours α.

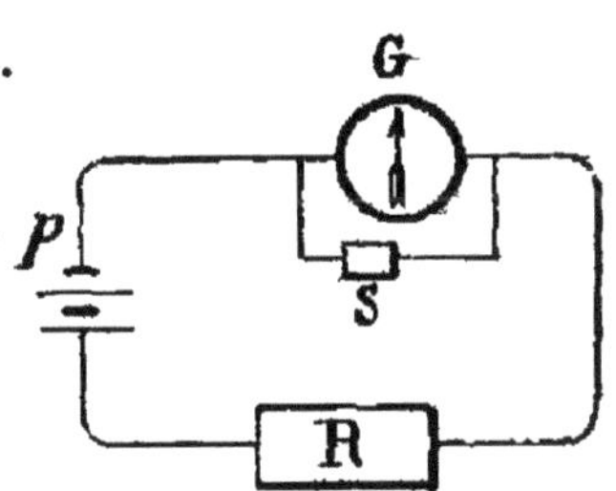

Fig. 44. — Résistance d'un galvanomètre par la mé-thode de l'égale déviation.

Soit e la force électromotrice de la pile P et I l'in-tensité du courant. On a :

$$I = \frac{e}{A + \dfrac{G\,S}{G + S}}$$

Si i est l'intensité du courant qui traverse le galva-nomètre et i' celle du courant qui traverse le shunt ; on a :

$$\frac{i}{i'} = \frac{S}{G},$$

ou $\qquad i = \frac{S}{G}\, i'$; mais $i' = I - i$;

donc
$$i = \frac{S}{G}\,(I - i)$$

$$i = \frac{I\dfrac{S}{G}}{\dfrac{G+S}{G}} = I \times \frac{S}{G+S} = \frac{e}{A + \dfrac{GS}{G+S}} \times \frac{S}{G+S} = \frac{eS}{A(G+S)+GS}.$$

Pour la seconde opération, quand on a enlevé le shunt S on a la même intensité dans le galvanomètre, puisque la déviation est la même ; on a dans ce cas :

$$I = \frac{e}{B+G}.$$

Donc :

$$\frac{e}{B+G} = \frac{e\,S}{A\,(G+S)+GS},$$

d'où l'on tire :

$$G = S\frac{B-A}{A}.$$

On obtient ainsi la résistance du galvanomètre.

2° *Méthode de sir W. Thomson.* — Pour mesurer la résistance d'un galvanomètre par cette méthode, on emploie le pont de Wheatstone. Le montage se fait de la manière suivante ; sur la diagonale BD on place une clef au lieu du galvanomètre que l'on met sur le bras AD qui reçoit ordinairement la résistance à mesurer ; on ajuste la résistance c de façon que la déviation du galvanomètre ne change pas lorsque l'on appuie sur la clef de BD. A ce moment le potentiel sera

le même aux points B et D, car sans cela il y aurait
un courant dans cette branche, ce qui ferait varier le
potentiel de B, et, par suite, le courant dans AB va-
rierait aussi. Il y a
donc équilibre et on
peut écrire la rela-
tion

$$x = \frac{a\,e}{b}.$$

Dans l'expérien-
ce, il est bon de
placer en c une
résistance assez éle-
vée, afin de proté-
ger le galvanomètre
et pour obtenir des
déviations faibles;
si cela ne suffit pas,
on intercale une

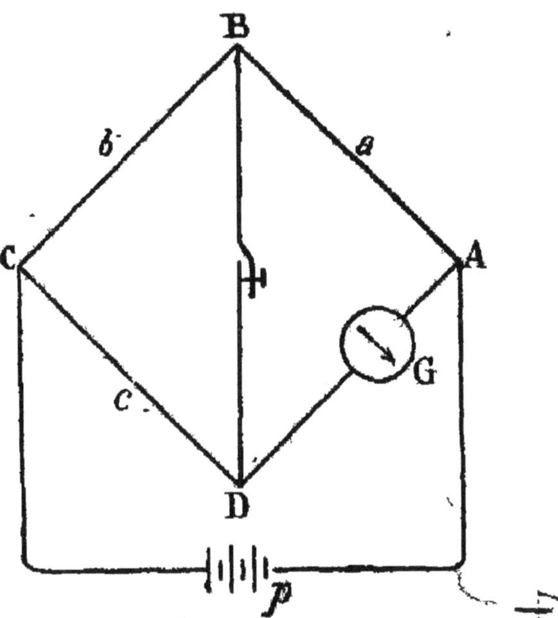

Fig. 45. — Résistance d'un galvanomètre par
la méthode de Sir W. Thomson.

résistance dans le circuit de la pile, afin de réduire
la différence de potentiel entre A et C. Il peut même
être nécessaire de shunter le galvanomètre ; la résistance obtenue est alors la résistance réduite
$\frac{GS}{G+S}$. Comme on connaît S, on en déduit facilement G.

90. *Résistance de la pile.* — Dans certaines opérations, il est nécessaire de tenir compte de la résistance
intérieure de la pile ; la mesure de cette résistance se
fait par plusieurs méthodes.

1° *Méthode de Mance*. — Cette méthode est identique à celle qui donne la résistance du galvanomètre. On place la pile dans la branche AD, fig. 46 et une clef dans la diagonale AC où se met ordinairement la pile,

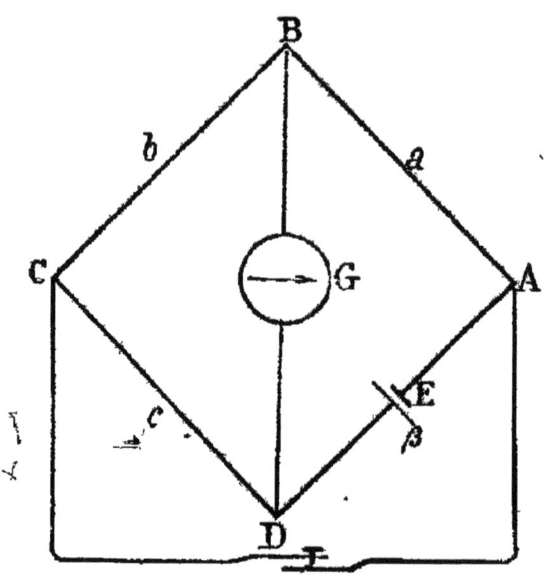

Fig. 46. — Résistance de la pile
par la méthode de Mance.

et on détermine la résistance c de façon à ce que la déviation du galvanomètre reste constante quand on ouvre ou quand on ferme la clef de AC. Si β est la résistance intérieure de la pile E, on a :

$$\beta = \frac{a}{b}\, c.$$

Si la déviation du galvanomètre était trop forte il faudrait le shunter; il est du reste inutile de connaître la valeur de ce shunt.

2° *Méthode de d'Infreville*. — Cette méthode est une modification de la précédente. Au lieu de placer le galvanomètre directement dans le circuit de la diagonale BD, on met sur cette diagonale le circuit inducteur d'une bobine d'induction, et on place le galvanomètre dans le circuit induit. Chaque fois que l'on ferme la clef et qu'il y a variation de courant dans BD, il se produit un courant d'induction et, par suite, une déviation du galvanomètre. Il n'en est plus de même s'il n'y a pas de variation dans le courant de BD.

Avec cette méthode on obtient une plus grande précision, car il n'est pas nécessaire de shunter le galvanomètre ; on lui laisse donc toute sa sensibilité.

3° *Méthode de la demi-déviation.* — On place la pile dont on veut mesurer la

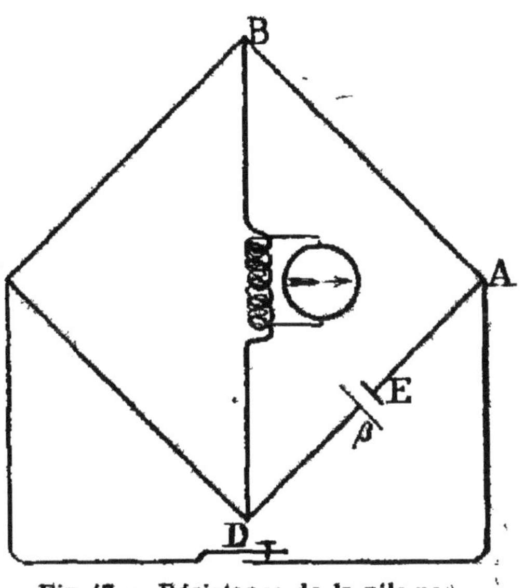

Fig. 47. — Résistance de la pile par la méthode de d'Infreville.

résistance intérieure β en circuit avec un galvanomètre des tangentes et une boîte de résistances ; on débouche une résistance R de la boîte de façon à avoir une déviation convenable. Soit α cette déviation : on cherche alors dans la table des tangentes un angle α', tel que

$$\operatorname{tg} \alpha' = \frac{\operatorname{tg} \alpha}{2}.$$

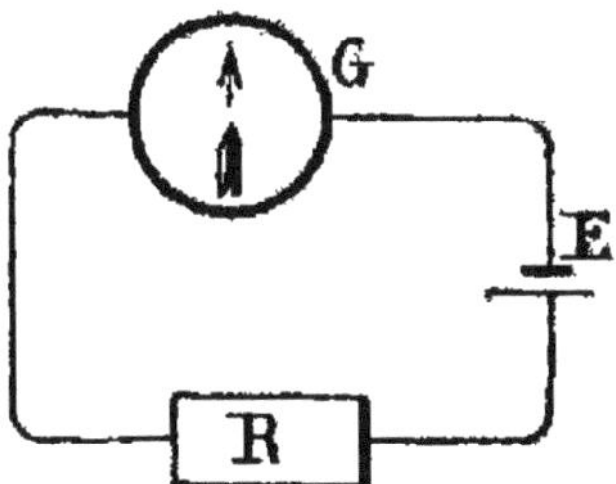

Fig. 48. — Résistance de la pile par la méthode de la demi-déviation.

En modifiant les résistances de la boîte, on amène le galvanomètre à la déviation α'. Soit R' la résistance obtenue. On avait pour la déviation α une intensité I donnée par

$$I = \frac{E}{G+R+\beta}.$$

Dans le second cas, l'intensité sera évidemment $\frac{I}{2}$.

$$\text{Donc} \quad \frac{I}{2} = \frac{E}{G+R'+\beta},$$

d'où l'on tire $\beta = R' - G - 2R$.

4° *Méthode de Lodge.* — Cette méthode est basée sur l'emploi du condensateur ; on fait le même montage que dans la méthode de Mance ; seulement on intercale un condensateur K sur la diagonale BD.

Pour qu'il y ait équilibre, il faut que la différence de potentiel entre B et D ne varie pas, que la clef placée en AC soit fermée ou non. Si la différence de potentiel entre BD reste constante, la charge du condensateur

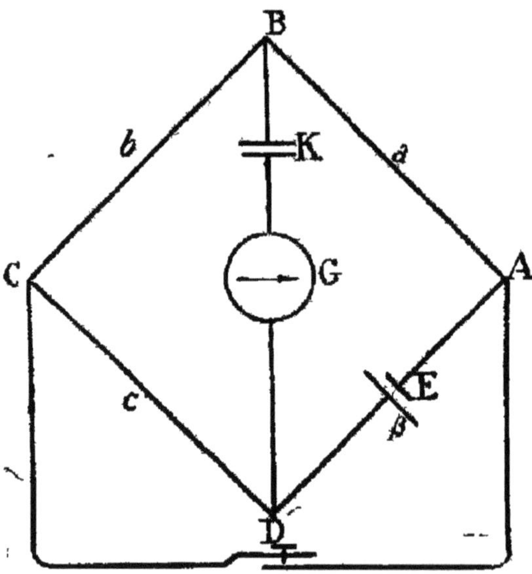

Fig. 40. — Résistance de la pile par la méthode de Lodge.

ne variera pas et il n'y aura pas de déviation au galvanomètre ; si, au contraire, la différence de potentiel varie, il y aura modification dans la charge du condensateur et, par suite, déviation du galvanomètre.

91. *Pont de Kohlrausch.* — Lorsque l'on veut mesurer la résistance d'un liquide ou d'une solution saline, on ne peut pas employer la méthode ordinaire, car, sous l'action du courant, il se produit une force

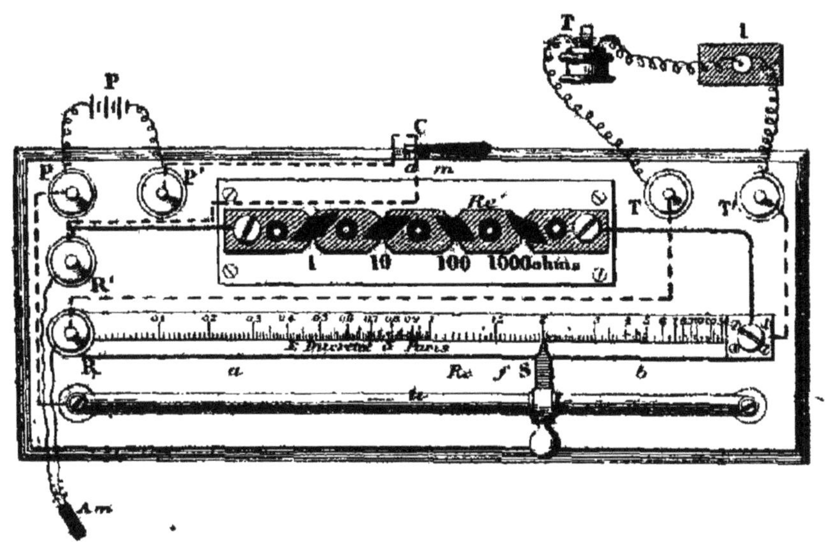

Fig. 50. — Pont de Kohlrausch.

électromotrice de polarisation. Le principe de la méthode de Kohlrausch est le même que pour le pont de Wheatstone ; on remplace simplement le courant produit par la pile par le courant alternatif d'une bobine d'induction, courant qui ne peut pas produire d'électrolyse ni, par suite, de force électromotrice de polarisation. Le galvanomètre est également remplacé par un téléphone qui produit un son dès qu'il passe un courant alternatif dans la diagonale correspondante ; dès que le téléphone ne rend plus aucun son, on peut être assuré que la relation d'équilibre est satisfaite.

Cette méthode donne des résultats d'une grande précision.

Le pont de Kohlrausch peut encore servir à la mesure des circuits enroulés présentant une self induction. Au lieu du courant alternatif, on emploie le courant continu d'une pile P ; pour obtenir un son dans le téléphone T, il faut y ajouter un rhéotome I (fig. 50) qui, au moyen d'un mouvement d'horlogerie, produit des courants discontinus dans le téléphone. Le reste de l'appareil est disposé comme un pont à fil.

92. *Mesure des très faibles résistances.* — La mesure des très faibles résistances ne peut se faire faci-

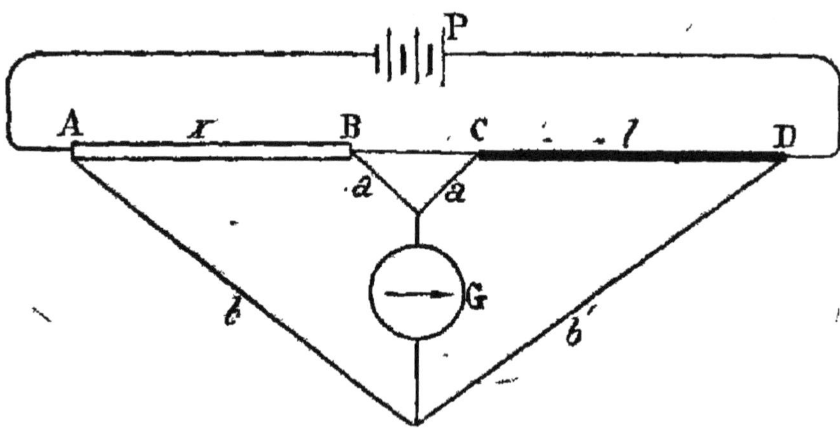

Fig. 51. — Mesure des très faibles résistances, méthode Thomson.

lement par la méthode ordinaire du pont, car on est sujet à de fortes erreurs par suite des mauvais contacts. On emploie la méthode de Thomson, ou méthode de pont à neuf conducteurs. Soit x la résistance à mesurer entre les points A et B. On la met en circuit avec un fil calibré CD et une pile P (fig. 51).

On réunit les deux bornes d'un galvanomètre aux deux extrémités A et B de la résistance à mesurer au moyen de deux résistances a et b. On réunit de même deux points C et D du fil calibré aux deux bornes du galvanomètre par deux résistances égales aux deux précédentes a et b, et l'on fait varier ces deux points C et D jusqu'à ce qu'il n'y ait plus de déviation dans le galvanomètre. Soit l la longueur CD. On a alors :

$$x = l.$$

93. *Mesures par comparaison.* — On met en circuit la résistance à mesurer, une résistance connue,

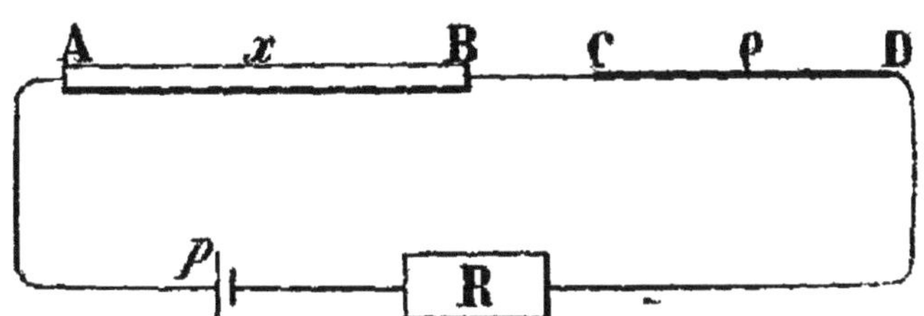

Fig. 52. — Mesure d'une résistance par comparaison.

autant que possible voisine de la résistance cherchée, une pile et une boîte de résistances permettant de graduer l'intensité du courant de la pile.

Soit x la résistance à mesurer entre A et B et ρ la résistance connue CD. Si I est l'intensité du courant qui parcourt le circuit, on a entre A et B une différence de potentiel $E = xI$ et entre C et D $E = \rho I$. Si donc on met les points A et B en communication avec un galvanomètre sensible, on obtiendra une déviation α proportionnelle à E ; de même avec les points C et D, on aura une déviation α' proportionnelle à E'. Par conséquent

$$\frac{\alpha}{\alpha'} = \frac{E}{E'} = \frac{xI}{\rho I} = \frac{x}{\rho},$$

d'où
$$x = \rho\, \frac{\alpha}{\alpha'}.$$

La méthode par comparaison s'emploie encore pour la mesure des grandes résistances, en particulier de l'isolement des câbles. A cet effet, on immerge le câble isolé dans une cuve contenant de l'eau à la température à laquelle l'expérience doit être faite. On fait communiquer la partie métallique du câble avec un galvanomètre dont l'autre borne est fixée à l'un des pôles d'une batterie présentant une force électromotrice assez considérable, l'autre pôle étant en communication avec l'eau de la cuve.

Soit x la résistance inconnue de l'isolant, E la force électromotrice de la pile et ρ sa résistance, G la résistance du galvanomètre. Il s'établit dans le circuit un courant I tel que :

$$I = \frac{E}{x + \rho + G}. \quad (1)$$

Ce courant donne dans le galvanomètre une déviation α, et si C est la constante du galvanomètre, on a :

$$I = C\alpha$$

On fait la même opération en mettant en circuit avec le galvanomètre et la pile une résistance connue, R, aussi grande que possible, à la place du câble et de la cuve ; on obtient une nouvelle déviation α' et l'intensité du courant est :

$$I' = \frac{E}{R+\rho+G}\ C\alpha', \quad (2)$$

d'où
$$\frac{\alpha}{\alpha'} = \frac{R+\rho+G}{x+\rho+G}$$

$$x = (R+\rho+G)\ \frac{\alpha'}{\alpha} - (\rho+G).$$

Généralement dans la seconde expérience, on est obligé de shunter le galvanomètre pour obtenir une déviation convenable, qui alors ne correspond plus au courant total, mais au courant dérivé qui passe dans le galvanomètre. Soit S le shunt et i ce courant dérivé qui est égal au courant total I' multiplié par $\dfrac{S}{G+S}$,

donc
$$i = I' \times \frac{S}{G+S} = \frac{E}{R+\rho+\dfrac{SG}{S+G}} \times \frac{S}{G+S}. \quad (3)$$

Or $i = C\beta$, β étant la déviation obtenue. En divisant membre à membre les 2 équations 1 et 3, on a

$$\frac{\alpha}{\beta} = \frac{\left(R+\rho+\dfrac{SG}{S+G}\right) \times (G+S)}{(x+\rho+G) \times S},$$

d'où l'on tire :

$$x = \frac{\beta}{\alpha}\left(R + \rho + \frac{SG}{S+G}\right)\frac{G+S}{S} - (\rho + G).$$

Pendant la première opération, lorsque l'on cherche la déviation sur le câble, on ne peut pas obtenir une déviation bien fixe, car le câble agit comme un condensateur, et le courant sert d'abord à le charger; il ne faut donc faire la lecture qu'après quelques instants d'électrisation du câble.

Pour les essais rapides d'isolement des circuits électriques, on emploie cette méthode, mais en négligeant la résistance de la batterie et la résistance du galvanomètre. On admet simplement que les déviations du galvanomètre sont inversement proportionnelles aux résistances. On fait passer le courant d'une batterie dans une résistance fixe connue R et dans un galvanomètre. On obtient une déviation α, le shunt étant S, et m son pouvoir multiplicateur $m = I + \dfrac{G}{S}$; on remplace ensuite la résistance R par la résistance x que l'on veut mesurer. On obtient une déviation β, le pouvoir multiplicateur étant m'. On a

$$\frac{x}{R} = \frac{m\,\alpha}{m'\,\beta}.$$

La figure représente un appareil portatif permettant d'opérer rapidement ces mesures. La boîte contient un galvanomètre G avec shunt, dont les pouvoirs multiplicateurs sont $\dfrac{1}{2}\ \dfrac{1}{10}\ \dfrac{1}{50}\ \dfrac{1}{100}\ \dfrac{1}{1000}$. Un commutateur à fiche permet d'envoyer le courant soit dans une résistance fixe de 10000 ohms, soit dans la résistance à mesurer.

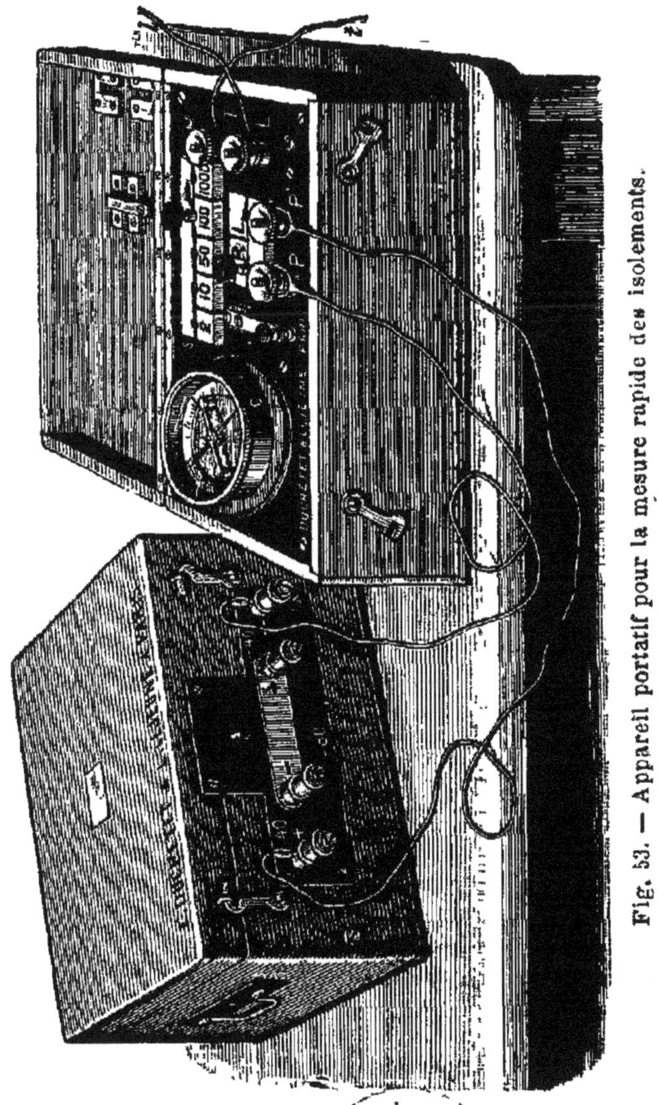

Fig. 53. — Appareil portatif pour la mesure rapide des isolements.

Une autre boîte contient une batterie composée de

6

80 piles sèches qui peuvent donner une différence de potentiel de 100 volts.

Les bornes sont disposées de façon à ce que l'on puisse prendre à volonté moitié de la batterie.

Le galvanomètre est constitué de la manière suivante :

Un barreau aimanté peut se déplacer à la surface d'un disque épais de cuivre rouge légèrement creusé pour le recevoir ; le cuivre rouge a pour but d'amortir les oscillations du barreau par suite de la production de courants de Foucault. Le courant à mesurer traverse deux bobines plates juxtaposées, à l'intérieur desquelles oscille le barreau aimanté qui est supporté par une tige très courte dont la partie inférieure repose dans une cuvette de saphir ; la partie supérieure passe dans un trou de rubis. L'index en aluminium fixé sur la tige se déplace devant un cadran divisé et au-dessus d'un miroir.

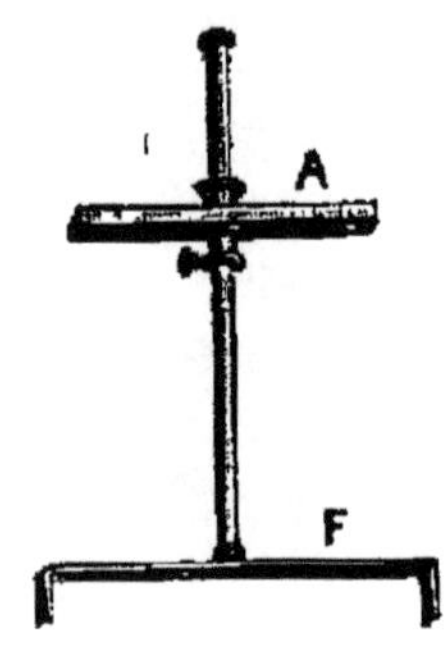

Fig. 54. — Aimant de l'appareil pour la mesure rapide des résistances.

Le cadran est divisé expérimentalement de telle sorte que le rapport des lectures donne directement le rapport des intensités correspondantes. La sensibilité du galvanomètre est très grande ; elle peut être modifiée en faisant agir un aimant directeur qui est joint à l'appareil. Cet aimant A, fig. 54 est mobile le long d'une tige verticale que l'on enfourche sur la partie supérieure du galvanomètre, et son action est d'autant plus énergique qu'il est placé plus bas sur sa tige.

Pour faire une mesure d'isolement, on relie les bornes de la pile aux bornes P et P'; la résistance à mesurer est fixée entre les bornes L et T. On oriente le galvanomètre de façon à ce que l'aiguille vienne au zéro ; on place la fiche du commutateur sur R, on shunte le galvanomètre et on appuie sur la clef c; on obtient une première déviation correspondant à la résistance de 10000 ohms. On place alors la clef du commutateur en L et on fait une nouvelle lecture ; si la déviation est trop petite, ou si elle est trop grande, on modifie le shunt en conséquence. Cette seconde déviation correspond à la résistance à mesurer.

94. *Mesure d'une résistance au moyen d'un ampèremètre et d'un voltmètre.* — On fait passer un courant I dans le conducteur dont on veut mesurer la résistance, la valeur de I étant donnée par un ampèremètre étalonné. Puis au moyen d'un voltmètre étalonné, ou prend la différence de potentiel entre les deux extrémités de la résistance ; soient E cette différence de potentiel et x la résistance cherchée. D'après la loi d'Ohm on a :

$$x = \frac{E}{I} \cdot$$

Il faut pour cela que le courant soit assez faible pour ne pas échauffer le fil, ce qui modifierait sa résistance.

Avec ces appareils on peut également mesurer la résistance intérieure d'une pile, d'un accumulateur ou d'une batterie, en prenant la différence de potentiel en circuit ouvert entre les deux pôles, ce qui donne la force électromotrice E ; puis on ferme la pile sur une résistance R, on mesure l'intensité I du courant et en même temps la différence de potentiel e entre les deux pôles. Si ρ est la résistance intérieure, on a :

$$\rho = \frac{E - e}{I}.$$

95. *Mesure des forces électromotrices. Piles étalons.* — Ces mesures se font généralement par comparaison avec des piles-étalons ayant une force électromotrice connue. Il n'y a pas d'étalon absolu ; on est donc obligé d'employer différents types de piles.

96. *Etalon du Post-Office.* — Il est constitué par une pile du type Daniel. L'élément est formé par une boîte contenant trois récipients en ébonite. Le récipient du milieu est celui qui renferme réellement la pile ; il contient une solution de sulfate de zinc ; dans cette solution trempe une lame de zinc, un vase poreux contenant une solution saturée de sulfate de cuivre et une plaque de cuivre formant le pôle positif de la pile. Les deux autres vases en ébonite contiennent de l'eau dans laquelle on fait plonger le zinc et le vase poreux quand on ne se sert pas de la pile. Au fond du vase central se trouve une petite

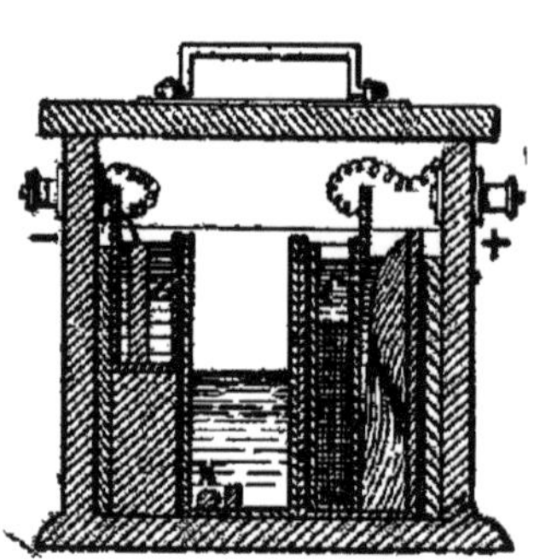

Fig. 55. — Étalon du Post-Office.

baguette de zinc sur lequel se précipite le cuivre du sulfate de cuivre qui aurait pu traverser le vase poreux ; de la sorte la solution de sulfate de zinc reste toujours pure. La force électromotrice d'une pile du Post-Office est de 1,08 volt à 15° et à circuit ouvert.

97. *Étalon Latimer Clark.* — Cet élément a été adopté par le Congrès de Chicago comme pouvant représenter le plus exactement un étalon du volt. Un élément est formé de deux tubes de verre réunis en leur milieu par un troisième tube, fig. 56. Dans l'une des branches on met un amalgame constitué en mettant dans du mercure pur distillé du zinc pur, dans l'autre branche en B du mercure pur recouvert d'une couche de sulfate de mercure C ; le tout est placé au-dessous d'une solution saturée de sulfate de zinc D dans laquelle on met quelques cristaux de ce sel pour éviter la

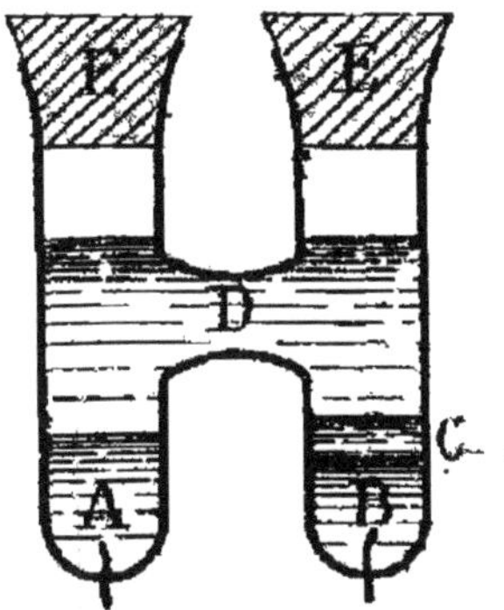

Fig. 56. — Étalon Latimer Clark.

sursaturation. Les tubes sont fermés hermétiquement par des bouchons de paraffine EE. Les deux pôles sont formés par des fils de platine soudés à la partie inférieure de chaque tube. La force électromotrice d'un tel élément est de 1,434 volt à 15° C. La force électromotrice à une autre température est donnée par la formule

$$E = 1,434 \, [1 - 0,00077 \, (\theta - 15°)],$$

θ étant la température à laquelle se trouve l'appareil. Cet élément a l'inconvénient de se polariser très rapidement; il ne peut donc servir que pour les méthodes de mesures par réduction à zéro, ou pour la charge des condensateurs.

98. *Elément Warren de la Rue, au chlorure d'argent.* — Cette pile (fig. 57) est commode par suite de ses petites dimensions, ce qui permet d'en former faci-

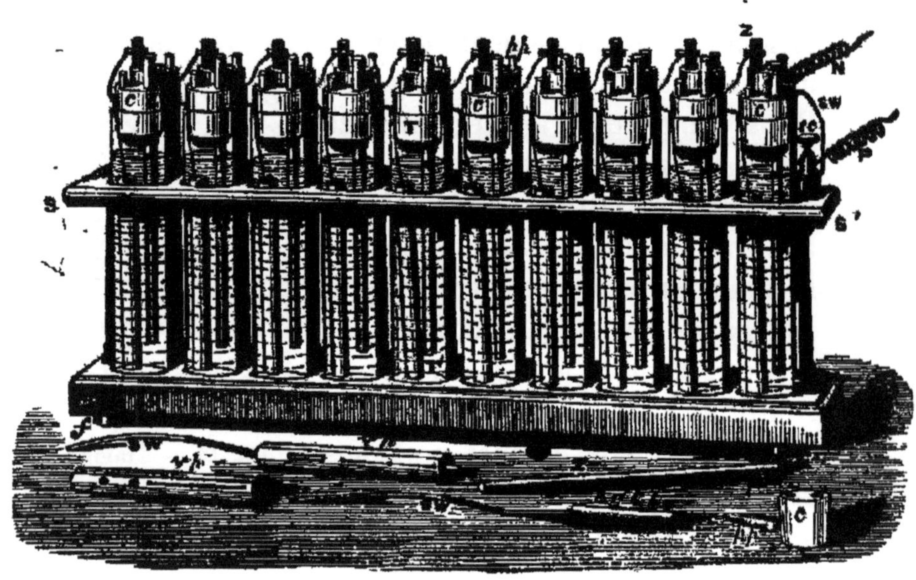

-Fig. 57. — Pile Warren de la Rue.

lement des batteries. Chaque élément est constitué par un tube de verre contenant une solution de chlorhydrate d'ammoniaque à 24 $^{00}/_{00}$. Dans cette solution plonge une baguette de zinc et un vase poreux généralement formé d'un cylindre de papier parcheminé dans lequel est enfermée une baguette de chlorure d'argent fondu autour d'un fil d'argent; le vase est fermé par un

bouchon de paraffine. La force électromotrice d'un de
ces éléments est de 1,05 volt à circuit ouvert.

99. *Mesure des différences de potentiel par la méthode d'opposition*. — Cette méthode très simple ne
peut donner qu'une faible approximation. Soient A et B
les deux points entre lesquels on veut mesurer la différence de potentiel. On réunit ces deux points aux

Fig. 58. — Mesure d'une différence de potentiel par la méthode
d'opposition.

deux bornes d'un galvanomètre G, il se produit une
certaine déviation ; on intercale alors entre A et B des
éléments de pile de force électromotrice connue et
disposés de telle sorte que le courant produit par
cette pile soit de sens inverse du courant déterminé par
la différence de potentiel entre A et B. En mettant en
circuit un nombre d'éléments convenables, on arrivera
à annuler la déviation ; à ce moment la différence de
potentiel cherchée sera égale à la différence de potentiel
entre les deux pôles extrêmes de la batterie. Il arrivera
souvent qu'on ne pourra pas obtenir une équivalence
parfaite, l'adjonction d'un élément de pile n'annulant
pas le courant, mais le faisant changer de sens. Dans
ce cas, on prend le rapport de deux déviations avant
et après la mise en circuit de cet élément et on ajoute
à la force électromotrice, obtenue sans cet élément,
une fraction de la force électromotrice égale au rap-

port de la première déviation à la somme des deux déviations. Si, par exemple, avant d'ajouter cet élément, on obtient une déviation de 3º à gauche du zéro, puis, après l'avoir mis en service, 5º à droite, on ajoute à la force électromotrice de la batterie, correspondant à la déviation de 3º à gauche $\frac{3}{8}$, de la force électromotrice d'un élément.

On voit qu'avec cette méthode la précision sera d'autant plus grande que la force électromotrice de chaque élément sera plus petite.

100. *Méthode d'apposition partielle.* — On met en circuit entre les deux points A et B (fig. 59), dont on veut mesurer la différence de potentiel, deux boîtes de

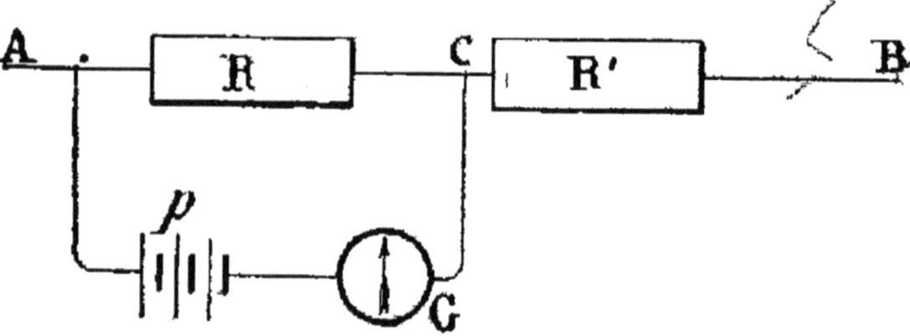

Fig. 59. — Méthode d'opposition partielle.

résistances R et R', ces résistances étant assez grnades pour ne pas modifier la différence de potentiel ; puis on place en dérivation sur la résistance R un circuit formé d'une pile-étalon et d'un galvanomètre. La force électromotrice de la pile-étalon doit être inférieure à la différence de potentiel entre A et B. On fait varier la résistance R jusqu'à ce qu'il n'y ait plus de déviation accusée par le galvanomètre. A ce moment, la différence de potentiel entre A et C est égale à la force électromotrice e de la pile. Soit E la différence de potentiel cherchée entre A et B.

On a, en appelant i l'intensité de courant dans R,

$$i = \frac{e}{R}.$$

Mais, comme il ne passe aucun courant dans la dérivation contenant le galvanomètre, ce courant est le même que celui passant de A à B. On a donc également

$$i = \frac{E}{E + R'}.$$

De ces deux équations on tire :

$$E = e\,\frac{R + R'}{R}.$$

101. *Mesure de la force électromotrice par la méthode de l'égale déviation.* — On met en circuit avec une pile-étalon un galvanomètre et une boîte de résistances que l'on règle de façon à avoir une déviation convenable. Soit R cette résistance; on remplace la pile-étalon de force électromotrice E par la source dont on veut mesurer la force électromotrice x, et on modifie la résistance de la boîte de façon à avoir la même déviation que précédemment. Soit R' la résistance obtenue. L'intensité du courant restant la même, les résistances sont proportionnelles aux forces électromotrices. On a donc

$$x = E \times \frac{R'}{R}.$$

102. *Mesure de la force électromotrice par les Volt-mètres étalonnés.*—Cette méthode est la plus employée en pratique, car elle est excessivement simple : Il suffit de mettre en communication les deux points dont on veut mesurer la différence de potentiel avec les deux bornes d'un voltmètre et on obtient la valeur de cette différence de potentiel par une simple lecture. Pour que ce procédé présente quelque exactitude, il faut pouvoir vérifier souvent l'étalonnage de l'appareil, ou même procéder soi-

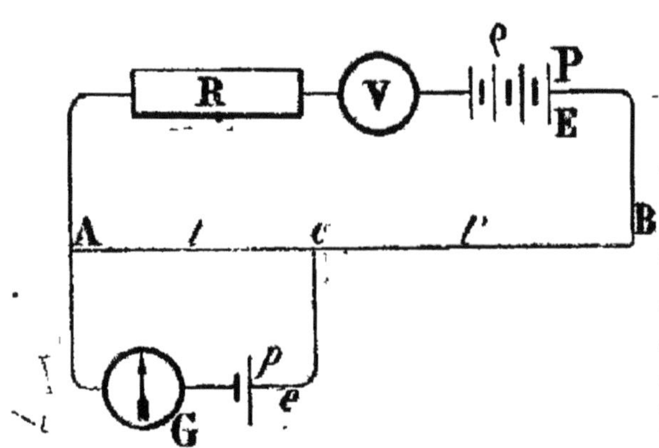

Fig. 60. — Étalonnage d'un voltmètre.

même à cet étalonnage. Pour cela on dispose le voltmètre *V* en circuit avec une boîte de résistances *R*, une pile P de force électromotrice *E* inconnue et de résistance ρ, et un fil calibré AB aussi long que possible ; puis on place en dérivation entre l'extrémité A et un point *c* de ce fil un galvanomètre G et une pile étalon *p* de force électromotrice *e* en opposition avec la pile P. On règle la résistance *R* de sorte que la déviation du voltmètre soit convenable ; puis on fait varier la position du point *c* jusqu'à ce que la déviation du galvanomètre G soit annulée. La résistance du fil AB est proportionnelle à sa longueur. Soit donc *l* et *l'* les longueurs des portions AC et CB : quand il ne passe aucun courant dans G, la différence de potentiel entre

A et C est égale à *e*. On a donc, en appelant *I* l'intensité du courant :

$$E = I(\rho + V + R + l + l').$$

Le courant entre A et C est également *I*. On a donc :

$$e = Il.$$

Donc $$E = \frac{e}{l}(\rho + V + R + l + l')$$

En faisant varier *R* on obtient différentes valeurs de *E* de façon à graduer l'appareil dans toute l'étendue de son échelle.

103. *Mesure des intensités.* — La mesure des intensités se fait, comme on l'a vu plus haut, au moyen de galvanomètres; il n'y a en général qu'à multiplier la déviation, produite par le courant, par un facteur appelé constante du galvanomètre. Pour obtenir cette constante, on met en circuit une pile-étalon de force électromotrice *E* et de résistance intérieure ρ, une boîte de résistances *R* et le galvanomètre *G*. Soit α la déviation obtenue; on a, en appelant *I* le courant et *C* la constante :

$$E = I(\rho + R + G)$$
$$I = \frac{E}{\rho + R + G} = C\alpha$$
$$C = \frac{1}{\alpha} \times \frac{E}{\rho + R + G}.$$

Si l'on est obligé de shunter le galvanomètre, il faudra en tenir compte, et si m est le pouvoir multiplicateur du shunt, on aura :

$$C = \frac{1}{\alpha} \times \frac{E}{\rho + R + \dfrac{G}{m}}.$$

104. *Mesure des grandes intensités.* — On n'a pas toujours à sa disposition des galvanomètres pouvant recevoir des courants très intenses; dans ce cas, on fait passer le courant dans une résistance connue, de section telle qu'il ne puisse pas se produire d'élévation de température qui modifierait la résistance, soit R. On prend la différence de potentiel entre les deux extrémités de cette résistance, soit E. En appelant I l'intensité du courant, on a, d'après la loi d'Ohm :

$$I = \frac{E}{R}.$$

105. *Mesure de la puissance électrique.* — Nous avons vu que la puissance électrique est représentée par le produit d'une force électromotrice E par l'intensité I du courant engendré par cette force électromotrice; la valeur de la puissance électrique est donc celle du produit EI. On peut l'obtenir en mesurant séparément les valeurs respectives de E et de I et en effectuant le produit.

On peut également mesurer la puissance électrique au moyen d'appareils spéciaux appelés *wattmètres* qui donnent directement cette puissance. Ces appareils sont identiques aux électrodynamomètres; seulement l'un des circuits est formé d'un très grand nombre de tours de fil fin et présente une grande résistance; l'autre circuit, qui est généralement fixe, est formé d'un gros fil faisant seulement quelques tours. On fait traverser cette bobine par le courant à mesurer, et l'autre bobine est montée en dérivation entre les deux extrémités du conducteur dans lequel on veut mesurer la puissance développée par le courant. Les déviations sont proportionnelles au produit des intensités des deux courants; mais, comme une des deux bobines présente une grande résistance, le courant qui la parcourt est proportionnel à la différence de potentiel qui fait naître ce courant. Les déviations sont donc proportionnelles au produit de l'intensité par la force électromotrice. Si C est la constante de l'appareil et α l'angle de déviation, on a :

$$EI = C\alpha.$$

106. *Mesure des quantités d'électricité.* — La quantité d'électricité qui traverse un conducteur est le produit de l'intensité du courant par le temps pendant lequel ce courant traverse le conducteur. La méthode la plus simple pour la mesure des quantités d'électricités, est l'emploi du *voltamètre*, appareil dans lequel on produit la décomposition d'une solution saline au moyen du courant électrique. En général, on emploie une solution d'azotate d'argent dans laquelle plongent deux électrodes d'argent. Sous l'action du courant, le métal de la plaque positive se dissout, et il vient s'en déposer une quantité équivalente sur la plaque négative; en pesant cette plaque avant et après l'expérience, on pourra en déduire la quantité d'électricité qui a traversé l'appareil, sachant que pour un coulomb (un ampère pendant une seconde) cette quantité est de 0,00118 gramme.

107. *Mesure de l'énergie électrique.* — L'énergie électrique a pour expression le produit EIT. On peut obtenir la valeur de l'énergie électrique en mesurant

Fig. 61. — Wattmètre enregistreur.

séparément E, I et T. Le procédé le plus pratique consiste à employer un wattmètre qui donne EI et à tenir compte du temps. Pour cela, on peut se servir d'un wattmètre enregistreur. La figure 61 représente un de ces appareils.

Le courant principal passe dans un conducteur en

fer à cheval de section suffisante pour qu'il n'y ait pas d'échauffement trop considérable. (L'appareil représenté est capable de supporter un courant de 5000 ampères). Dans l'intérieur de ce fer à cheval se trouve une bobine de fil fin mobile autour d'un axe horizontal et portant une aiguille indicatrice. Dans cette bobine passe la dérivation prise aux deux extrémités du circuit dans lequel on veut mesurer l'énergie correspondant au courant électrique; un cylindre faisant un tour complet en un temps déterminé enregistre les indications de l'appareil. En prenant la surface enveloppée par la courbe tracée sur le cylindre, on a une surface proportionnelle à la valeur EIT.

108. — *Compteurs électriques.* — Les compteurs électriques, avec lesquels on mesure la consommation d'électricité dans les installations d'éclairage ou de transport d'énergie par l'électricité, sont presque tous des appareils donnant la valeur de l'énergie électrique EIT; quelques-uns seulement donnent la valeur de la quantité.

Il existe une grande quantité de compteurs électriques qui enregistrent en watts-heures (3600 joules) l'énergie électrique dépensée. Ces appareils se composent généralement d'un wattmètre dont les indications sont enregistrées à intervalles réguliers par l'intermédiaire d'un mécanisme marchant en fonction du temps. Tels sont les appareils Cauderay-Frager, Déjardin, Jacquemier, Richard, etc. Dans d'autres compteurs, la vitesse du mouvement enregistreur est réglée à chaque instant en fonction de la puissance EI. Nous signalerons, parmi ces derniers appareils, les compteurs Aron, Thomson-Houston, Brillié, etc. Les compteurs de ce système ont, théoriquement, une plus grande exactitude que les précédents, puisque la moindre variation de puissance est enregistrée.

DEUXIÈME PARTIE

Générateurs mécaniques d'énergie électrique

CHAPITRE VI

MACHINES A COURANT CONTINU

110. — *Principe des machines électriques*. — Nous avons vu que, si on déplace un circuit fermé dans un champ magnétique, ce conducteur devient le siège d'un courant. Toutes les machines électriques sont basées sur ce principe. Mais, pour déplacer un conducteur fermé dans l'intérieur d'un champ magnétique, il faut dépenser une certaine énergie mécanique. Les machines électriques transforment donc de l'énergie mécanique en énergie électrique.

Une machine électrique se compose de deux parties essentielles; l'une qui produit le champ magnétique et appelée *inducteur*, l'autre qui est soumise à l'action de l'inducteur et dans laquelle se produit le courant induit; cette partie se nomme *induit* ou *armature*.

Le sens du courant induit se détermine par la règle d'Ampère que l'on peut énoncer ainsi : soit un observateur couché sur le conducteur, de façon que le mouvement ait lieu de sa gauche vers sa droite et qu'il regarde dans la direction positive des lignes de force (direction des lignes allant du pôle Nord vers le pôle Sud) ; le courant induit entrera par les pieds et sortira par la tête.

Si l'induit se déplaçait avec une vitesse constante dans un champ magnétique uniforme, de sorte que la variation (en fonction du temps) du flux de force coupé par le circuit fût constante, la force électromotrice induite serait constante. Il n'en est généralement pas ainsi dans la pratique; car le courant induit est produit par une force électro motrice partant de 0 pour atteindre un maximum, revient à zéro, change de sens, atteint un maximum dans cet autre sens, revient à zéro et ainsi de suite. Les courants obtenus sont donc alternativement de signe contraire; la machine est dite à *courants alternatifs*. Si, au moyen d'un appareil spécial appelé *commutateur* ou *collecteur*, on s'arrange de façon à ce que les courants parcourent un conducteur extérieur toujours dans le même sens, on a une machine à *courant continu*.

Le champ magnétique dans lequel se déplace l'induit peut être produit, soit par un aimant permanent, soit par un électro-aimant. Les machines dans lesquelles on emploie l'aimant permanent sont dites *magnéto-électriques ;* celles dans lesquelles le champ est produit par un électro-aimant sont des machines *dynamo-électriques.*

111. *Machine élémentaire*. — Considérons un anneau en fer doux sur lequel est enroulé un conducteur *a b c d e f g*, cet anneau pouvant être animé d'un mouvement de rotation autour d'un axe *O*. Plaçons ce

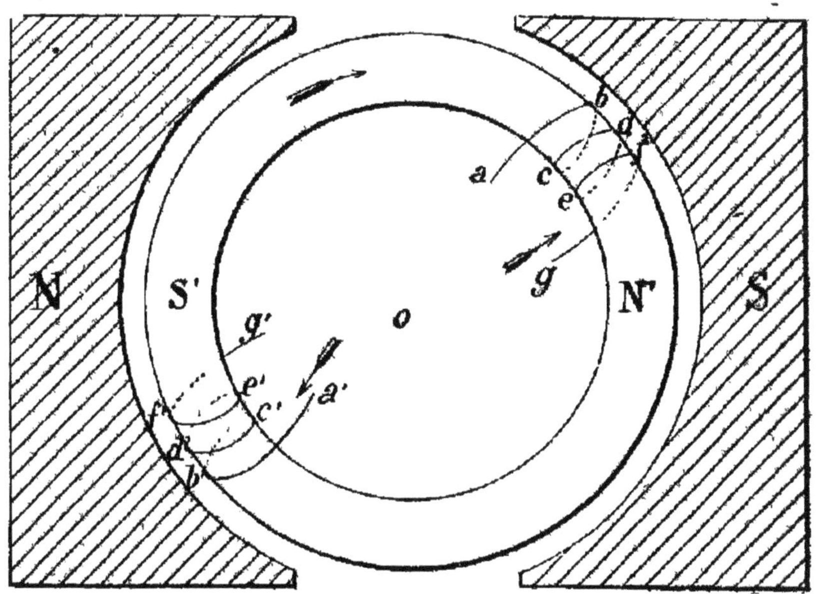

Fig. 62. — Principe de la machine dynamo-électrique.

système entre les deux pôles NS d'un aimant puissant, l'anneau s'aimantera par influence et prendra des pôles N'S' qui se trouveront toujours en face des pôles S et N de l'aimant, même si on fait tourner le système. On peut donc supposer que l'anneau de fer doux reste fixe et que le circuit *a b c* se déplace seul. Le circuit se déplaçant dans un champ magnétique, il devient le siège d'une force électromotrice. En appliquant la règle d'Ampère, on voit que le sens du courant dans le circuit *a b c d* sera le sens *g f e d*; si maintenant nous prenons la position diamétralement opposée, le circuit ayant fait une demi-révolution et étant venu en $a'\,b'\,c'\,d'\,e'\,f'\,g'$, la règle d'Ampère nous montre que le courant a changé de sens et parcourt le circuit dans la direction $a'\,b'\,c'$. Ce changement de sens du courant a eu lieu au moment où l'observateur placé sur le conducteur aura vu changer le sens de la direction des lignes de force, c'est-à-dire dans l'axe perpendiculaire à la ligne NS. La force électromotrice induite étant proportionnelle à la variation du flux de force coupé par le circuit par rapport au temps, on conçoit facilement que cette force électromotrice sera maxima quand le circuit sera en face d'un des pôles et minima dans la position perpendiculaire à la ligne des pôles ; et, comme nous venons de le voir plus haut, le courant changeant de sens en ce point, la force électromotrice y sera nulle. Le diamètre passant par ce point est appelé *ligne neutre*.

112. *Collecteur.* — Réunissons les deux extrémités du circuit à deux demi-cylindres métalliques isolés l'un de l'autre $p\,q$ (fig. 63), sur lesquels nous pendrons des contacts au moyen de frotteurs r et s ayant une position fixe dans l'espace et réunis entre eux par un circuit métallique. Le courant produit dans le système induit parcourra le circuit dans le sens indiqué par les flèches. Faisons maintenant tourner l'anneau de 180 degrés autour de l'axe o. Les deux demi-cylindres p et q qui forment le collecteur suivront ce mouvement, et le frotteur r viendra en contact avec le cylindre q, tandis que s sera en contact avec p. Si le sens du courant dans *a b c* était resté le même, le sens du courant dans le circuit extérieur aurait changé de sens. Mais,

comme, au contraire, ce sens a changé dans *a b c* le circuit extérieur sera toujours parcouru par un courant de même sens. On aura donc dans ce circuit un courant continu. Les frotteurs *r* et *s* sont appelés *balais* de la dynamo.

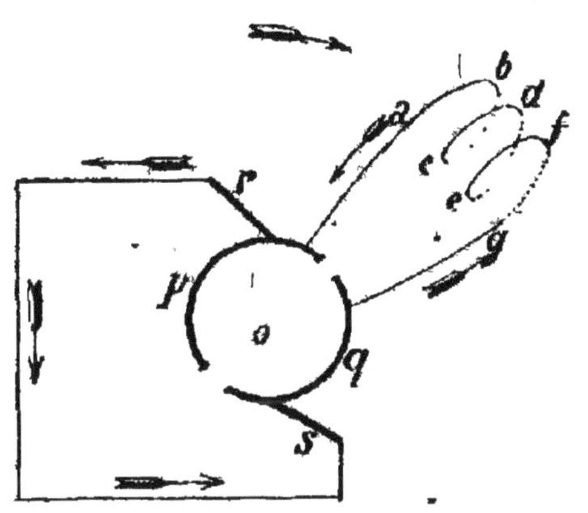

Fig. 63. — Principe du collecteur.

113. *Anneau Gramme.* — Sur l'anneau de fer précédent, enroulons un certain nombre de circuits : pendant la rotation, chacun d'eux sera le siège d'une

force électromotrice qui aura le même sens pour une demi-circonférence, et un sens opposé pour l'autre demi-circonférence ; si on réunit entre ux les différents circuits de l'anneau, les circuits d'une demi-circonférence seront parcourus

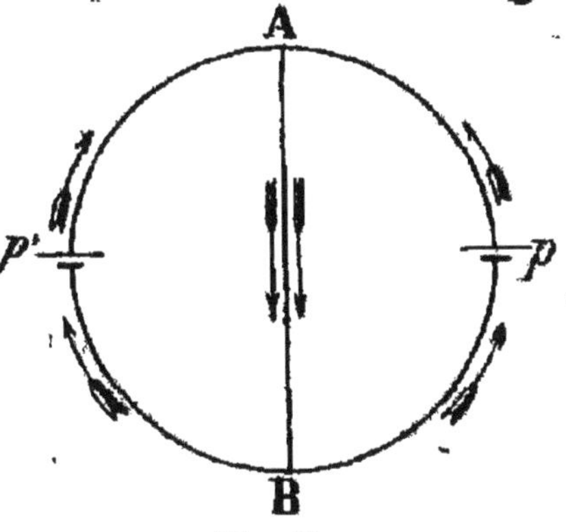

Fig. 64.

par un courant égal à la somme des courants de chaque élément ; ceux de l'autre demi-circonférence

7.

par un courant égal et de sens contraire. Ces deux courants s'annuleront donc, et on pourra assimiler le système à deux éléments de pile placés en opposition, ainsi que le représente la figure 64.

Mais, si nous réunissons les deux conducteurs reliant les piles par un fil métallique AB, ce fil sera parcouru par un courant électrique égal à la somme des deux

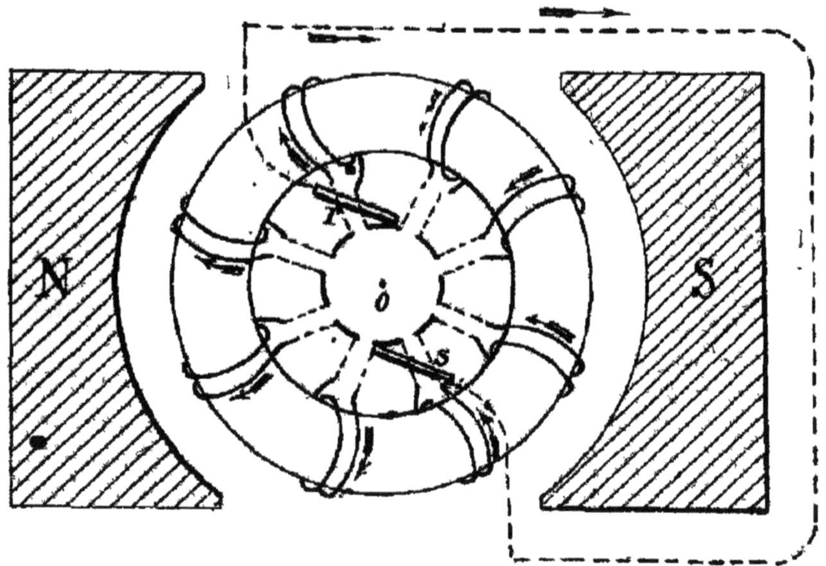

Fig 65. — Anneau Gramme.

courants. On pourra donc recueillir de la même façon les courants produits dans les deux moitiés de l'anneau Gramme.

Tout l'ensemble de l'induit tournant autour de l'axe O, la position d'attache du fil qui réunit les deux points de force électromotrice zéro devra varier à chaque instant ; il a donc fallu modifier le collecteur : au lieu d'être composé de deux cylindres, il est formé d'autant de portions de demi-cylindre qu'il y a d'éléments de circuit induit sur l'anneau, et chacune de ces parties réunit deux éléments successifs, ainsi que le montre la figure 65. Les balais *r* et *s*, prenant leur contact dans la ligne perpendiculaire à la direction NS, recevront un courant égal à la somme des courants partiels et toujours de même sens.

114. *Construction d'un anneau Gramme.* — En pratique l'anneau Gramme est établi de la façon suivante : sur un mandrin cylindrique on enroule du fil de fer recuit de manière à former un anneau plat ; on donne cette forme à l'anneau de façon qu'il y ait une plus grande longueur de fil soumise à l'action du champ magnétique, la partie comprise entre l'inducteur et l'anneau étant seule influencée d'une manière efficace. Une fois le fil de fer bobiné sur le mandrin, on l'entoure de distance en distance par des ligatures en fil de fer qui ont pour objet de l'empêcher de se dérouler ou de se déformer. On démonte alors le mandrin et on entoure l'anneau de toile isolante recouverte d'une couche de gomme-laque, de façon à assurer complètement l'isolement des fils que l'on va placer autour de l'anneau. On effectue alors le bobinage du fil formant les éléments de l'induit ; chacun de ces éléments est composé d'un certain nombre de spires formées de fil de cuivre recouvert d'une gaine isolante de coton ; et, pour plus de sûreté, le tout est enduit de gomme-laque. On laisse dépasser les extrémités du fil d'un même élément ou *section*, en s'arrangeant de façon à ce que ces deux extrémités soient toujours, pour toutes les sections, du côté de l'anneau où se trouvera le collecteur.

L'anneau étant complètement bobiné, on le frette en l'entourant par du fil de fer dont les différentes spires sont soudées entre elles de manière à former des sortes de bandes (fig. 66) ; puis on fait pénétrer dans l'intérieur un moyeu en bois fixé sur l'arbre moteur. On vient alors caler également sur cet arbre le collecteur constitué de lames

Fig. 66. — Anneau Gramme.

de cuivre en nombre égal aux sections de l'induit, ces lames étant disposées en cylindre autour d'un tube en matière isolante et isolées entre elles soit par du carton, de l'amiante, du mica, de la fibre ou toute autre substance isolante. Les lames du collecteur portent des prolongements auxquels on soude les extrémités de deux sections successives.

115. *Armature Siemens.* — Dans l'anneau Gramme une partie seulement du fil est soumise à l'action du champ magnétique, c'est celle comprise entre l'anneau et l'inducteur ; tout le reste du fil est donc inutile, sinon nuisible, car par sa résistance il s'oppose aux courants produits dans la partie utile. M. Hefner von Alteneck, ingénieur de la maison Siemens et Halske, a cherché à remédier à cet inconvénient en construisant l'induit appelé *bobine Siemens.*

Dans l'induit Si le filemens est enroulé suivant les
génératrices extérieures d'un cylindre, ainsi que le
montre la figure 67 ; les deux parties du fil placées sur
les génératrices diamétralement opposées seront parcourues par des courants de sens opposés, comme l'in-

Fig. 67. — Bobine Siemens.

diquent les flèches. Ces courants s'ajouteront donc
et seront identiques à ceux d'une section d'anneau
Gramme ; on les attachera à deux lames successives du
collecteur. Mais toutes ces sections prenant deux côtés
du tambour n'utiliseront que la moitié du collecteur ;
on procédera donc à un second bobinage par dessus
le premier ou à coté, si l'on a eu soin de laisser entre
chaque section primitive un espace suffisant ; les extrémités de ces nouvelles sections seront fixées à l'autre
moitié du collecteur.

Pour faciliter la construction, les connexions sont
faites de la manière indiquée par la figure 68, dans
laquelle les lignes pointillées représentent le premier enroulement, et les lignes en traits pleins le second. Les
lignes en points mixtes indiquent le passage du fil sur
la face postérieure du tambour.

En pratique, le tambour est constitué par deux rondelles en bronze montées sur l'arbre et servant de fonds

à un cylindre en tôle recouvert de fil de fer doux, le tout est enveloppé de toile isolante. C'est sur ce cylindre que l'on enroule le fil induit, maintenu dans des échancrures pratiquées à la circonférence des disques ; on frette le tout et on monte le collecteur.

L'avantage de l'induit Sieméns sur l'induit Gramme provient de ce que tout le fil induit est soumis à l'action du champ, sauf cependant les parties qui se trouvent aux deux extrémités du tambour ; mais, plus celui-ci sera long, plus cette dimension sera petite par rapport à la longueur totale du fil. En revanche, le bobinage est beaucoup plus difficile et les réparations peu commodes par suite du croisement des fils sur les extrémités du tambour.

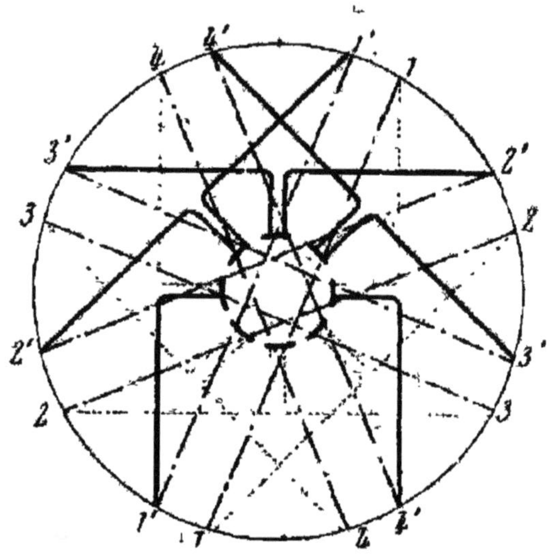

Fig. 68. — Schema d'un enroulement Siemens.

116. *Angle de calage des balais.* — Nous avons vu que l'on devait recueillir le courant par l'intermédiaire des balais au moment où la section communiquant avec ces balais passe dans la ligne neutre. Il n'en est pas tout à fait ainsi : les balais doivent être déplacés d'un certain angle, par rapport à la ligne neutre, dans le sens de rotation de l'induit ; cet angle se nomme *angle de calage des balais*. L'anneau de fer doux, sous l'action du champ magnétique de l'inducteur, prend deux pôles vis-à-vis des pôles de cet inducteur ; mais le fil induit, enroulé sur l'anneau, exerce également une action sur lui et tend à y produire deux pôles dont la ligne est perpendiculaire à celle des pôles de l'inducteur. Si les deux actions étaient identiques, les pôles de l'anneau seraient déplacés de 45° ; mais comme l'action du circuit induit est plus faible que celle des inducteurs, cette ligne des pôles et, par suite, la ligne neutre n'est que légèrement déplacée. Ce déplacement a pour mesure l'angle de calage ; il sera d'autant plus grand que l'intensité du courant induit sera plus grande. Il faudra donc faire varier la position des balais avec l'intensité du courant. A cet effet, le porte-balais est disposé de manière à ce que cette modification puisse se faire facilement.

117. *Inducteurs.* — La production du courant dans une machine électrique a lieu par suite du déplacement d'un circuit dans un champ magnétique produit par l'inducteur. Nous avons vu que cet inducteur pouvait être formé d'un aimant permanent ou d'un électro-aimant. La forme de cet électro-aimant varie avec le type des machines ; il est toujours formé de noyaux de fer sur lesquels est enroulé le circuit d'excitation. Ces noyaux sont réunis par une pièce en fer appelée *culasse ;* ils sont terminés par les *pièces* ou *épanouissements polaires* entre lesquels tourne l'induit.

Un inducteur doit toujours être disposé de façon

à ce que toutes les lignes de force se concentrent dans l'espace réservé à l'induit, pour que ce dernier tourne dans un champ magnétique aussi intense que possible. Une machine parfaite ne devrait avoir aucune ligne de force extérieurement à cet espace, car toute ligne de force qui n'est pas coupée par l'induit n'est pas utilisée ; elle représente donc une énergie inutilement dissipée.

La disposition des inducteurs varie à l'infini, suivant les constructeurs.

118. *Différentes formes d'inducteurs.* — Nous allons indiquer les principales dispositions adoptées pour les électro-aimants inducteurs.

L'inducteur Edison-Hopkinson (fig. 69) est formé de deux noyaux verticaux reliés à la partie supérieure par une culasse ; les pièces polaires placées à là partie inférieure reposent sur le bâti de la machine. Cette disposition est bien comprise au point de vue mécanique, parce que les paliers, étant placés à la partie inférieure, peuvent être assis solidement et la machine est très stable. Mais, en revanche, le bâti placé sous les

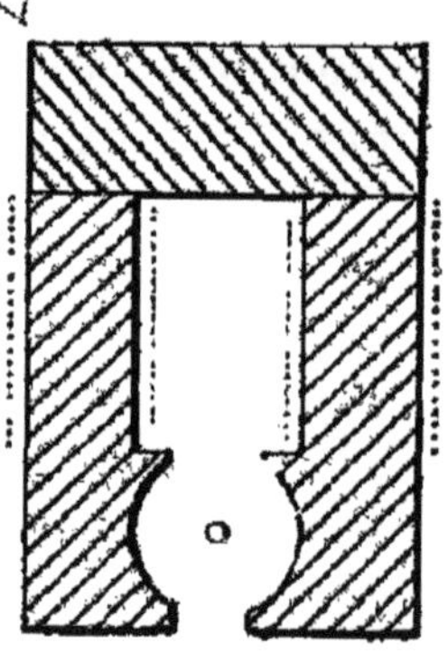

Fig. 69. — Inducteur Edison-Hopkinson.

pièces polaires favorise la perte du flux magnétique. On y remédie en interposant entre le socle et la machine une pièce en métal non magnétique, du zinc ou de la fonte très manganésifère.

L'inducteur Kapp (fig. 70) a une disposition générale identique ; seulement la culasse fait partie de l'électro-aimant et vient ainsi augmenter son action.

Pour remédier à la perte de flux par le bâti, M. Gramme a adopté pour son type de machine dit type supérieur une disposition inverse

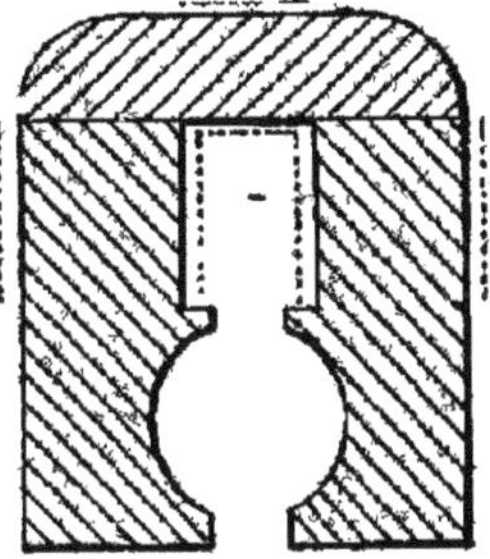

Fig. 70. — Inducteur Kapp.

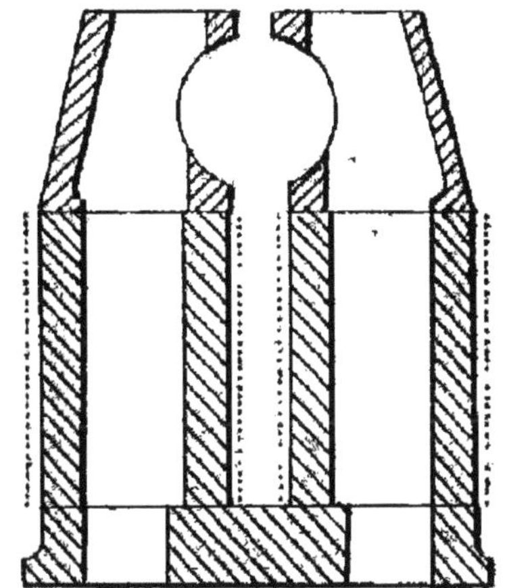

Fig 71. — Inducteur Gramme type supérieur.

(fig. 71) dans laquelle la culasse est placée à la partie inférieure et sert en même temps de bâti; en outre, toutes les pièces sont creuses de façon à alléger autant que possible la machine.

Les machines de la Société Alsacienne de constructions mécaniques, Rechniewski, etc., sont identiques comme disposition.

La figure 72 repré-

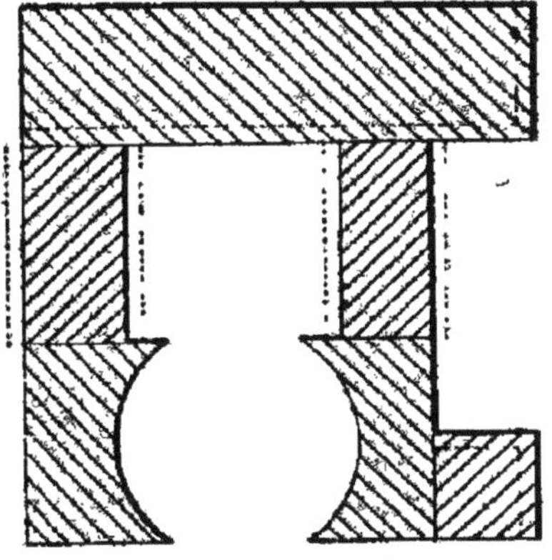

Fig. 72. — Inducteur Paterson et Cooper.

sente l'inducteur de la dynamo Phoenix construite par Paterson et Cooper, et la figure 73 l'inducteur Kimmer dans lequel l'induit est monté sur un axe perpendiculaire à la culasse ; ce type est encore adopté dans la machine Jones.

La machine Marcel Deprez comporte deux induits, et les inducteurs sont disposés ainsi que le représente la figure 74 qui donne une coupe

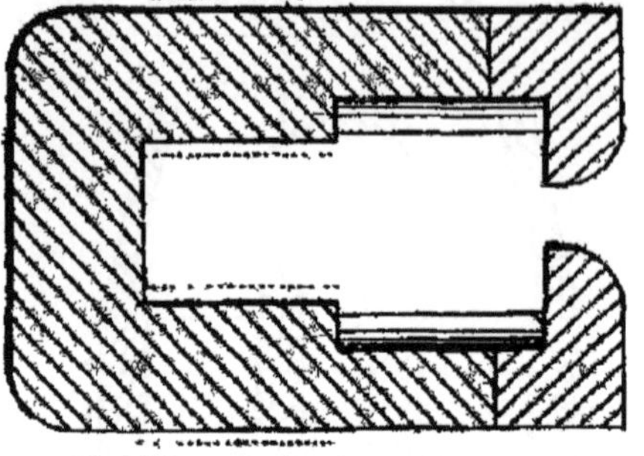

Fig. 73. — Inducteur Kimmer.

horizontale des inducteurs à hauteur de l'axe des induits.

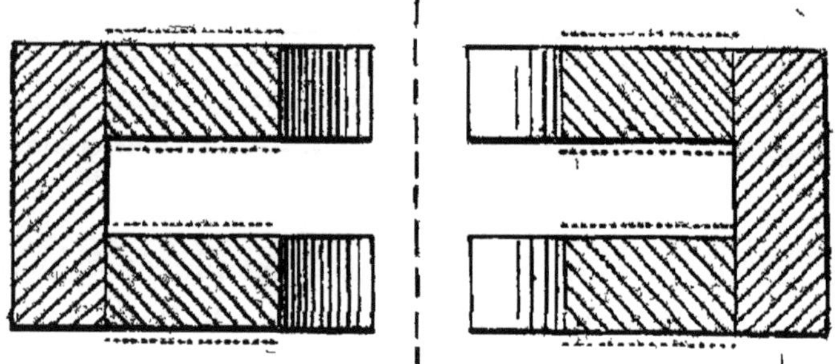

Fig. 74. — Inducteur Marcel Deprez.

La figure 75 représente l'inducteur d'une machine Jürgensen dans laquelle les électro-aimants, placés perpendiculairement à la culasse dans leur partie inférieure, viennent se recourber

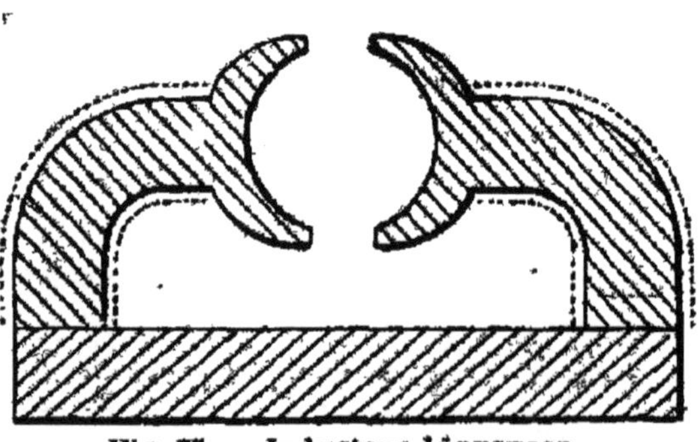

Fig. 75. — Inducteur Jürgensen.

horizontalement pour se terminer par les épanouissements polaires.

Dans la dynamo Pieper (fig. 76), les électro-aimants sont simplement inclinés.

Les types Thomson et Hauberg sont représentés par les figures fig. 77 et 78. Dans ces inducteurs la culasse

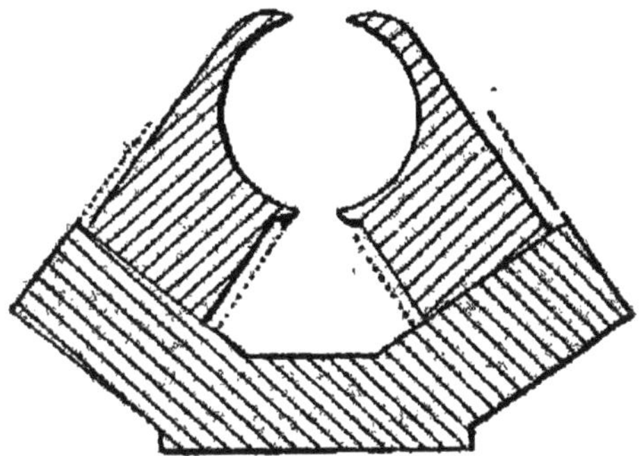

Fig. 76. — Inducteur Pieper.

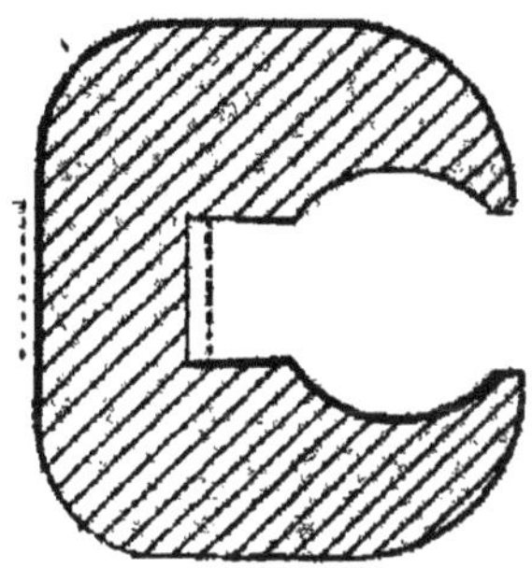

Fig. 77. — Inducteur Thomson.

est supprimée; l'électro placé verticalement se prolonge en haut et en bas horizontalement, de manière à former des épanouissements polaires.

La figure 79 représente un autre type Thomson, et la figure 80 une dynamo Leed, dont le principe est le même [que celui des

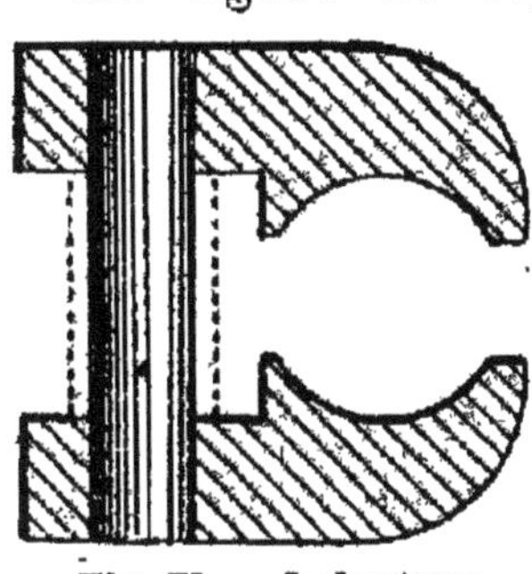

Fig. 78 — Inducteur Hauberg.

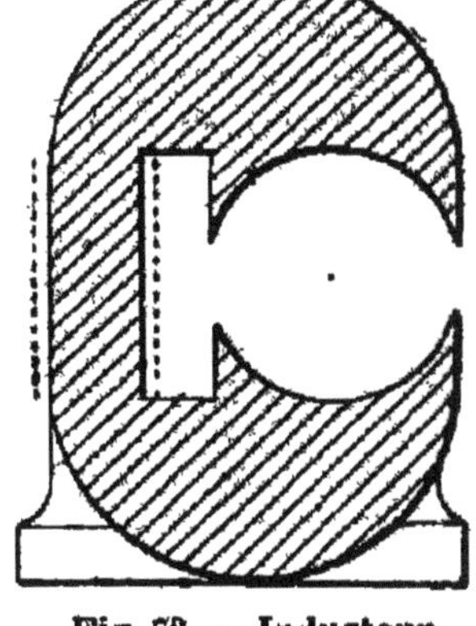

Fig. 79. — Inducteur Thomson.

précédentes; seulement l'électro est horizontal et l'induit placé à la partie inférieure.

La machine Gramme, dont le type des inducteurs est représenté par la figure 81, est formée de deux

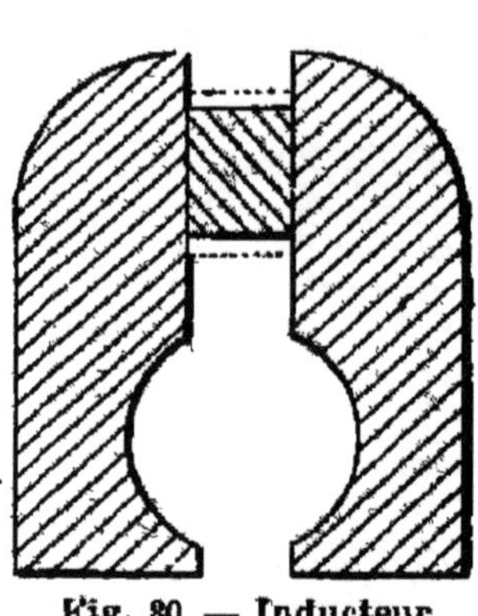

Fig. 80. — Inducteur
Leed.

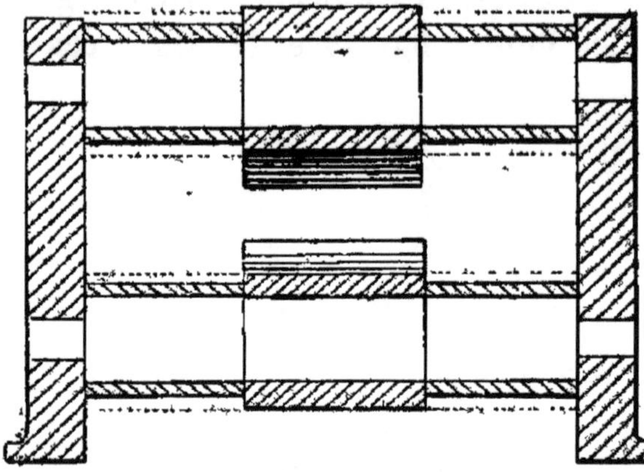

Fig. 81. — Inducteur Gramme.

électro-aimants horizontaux, réunis à leurs deux extrémités par des plaques formant culasses. Les électro-aimants sont bobinés de façon à ce que les pôles de même nom des deux bobines supérieures soient contre l'épanouissement polaire qui se trouve au centre de l'électro supérieur ; de même pour la partie inférieure, mais de telle sorte que l'épanouissement polaire soit de pôle opposé à l'épanouissement supérieur.

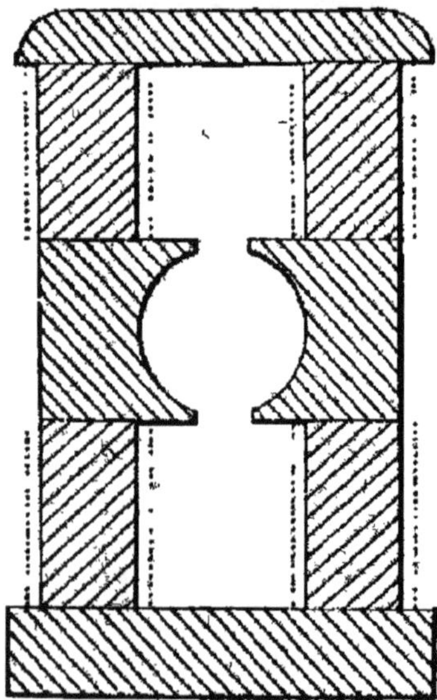

Fig. 82. — Inducteur Gramme
(Breguet).

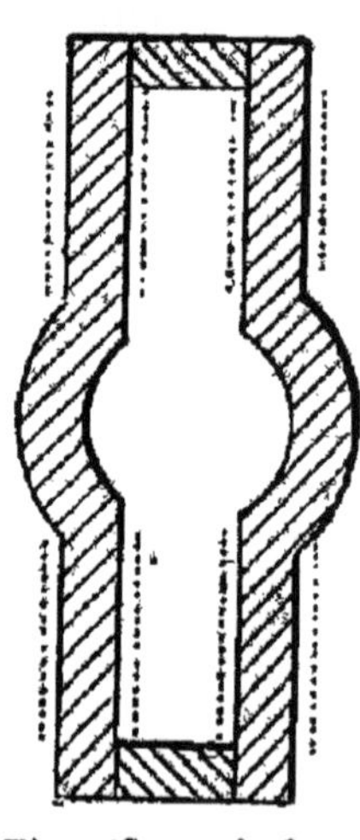

Fig. 83. — Inducteur Siemens.

La maison Breguet a varié cette disposition en plaçant, ainsi que l'indique la figure 82, les deux électro-aimants verticalement, l'axe de la bobine étant perpendiculaire à leur plan.

Les inducteurs de la machine Siemens ont la même forme générale, mais les noyaux des électro-aimants sont formés par des bandes de fer plat (fig. 83).

Les machines Crompton et Weston ont également des inducteurs avec épanouissements polaires au centre; mais les électro-aimants sont placés horizontalement.

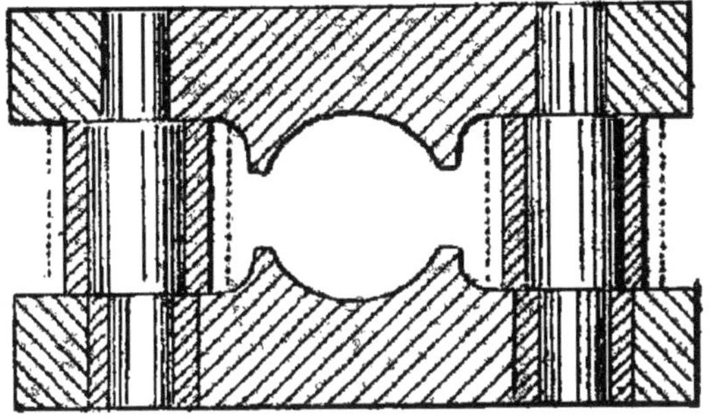

Fig. 84. — Inducteur Manchester.

La machine Manchester dont le type est très ré-

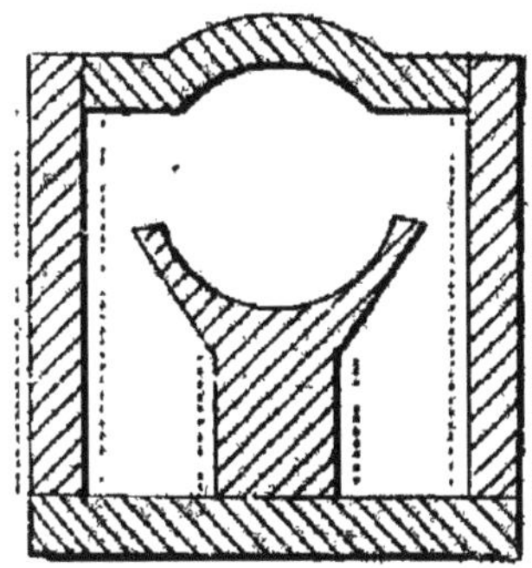

Fig. 85. — Inducteur Trotter.

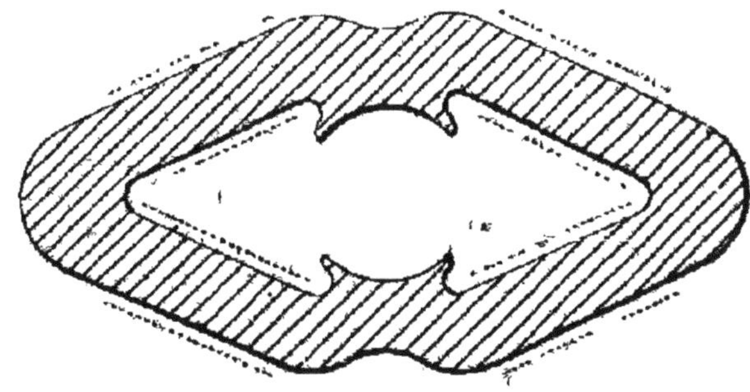

Fig. 86. — Inducteur de Meritens.

pandu (fig. 84), a des inducteurs formés de deux électro-aimants verticaux maintenus dans deux culasses, l'une inférieure et l'autre supérieure, formant également pièces polaires.

Dans la machine Goolden et Trotter, l'épanouissement polaire inférieur est formé par un troisième électro-aimant, ainsi que le montre la figure 85.

Les figures 86 et 87 représentent les inducteurs des machines de Meritens et Elwell Parker formées de quatre électro-aimants.

Les inducteurs du type Lahmeyer ont une disposition générale identique; les électro-aimants forment pièces polaires et les culasses ferment complètement le circuit magnétique. Cet inducteur est représenté par la figure 88.

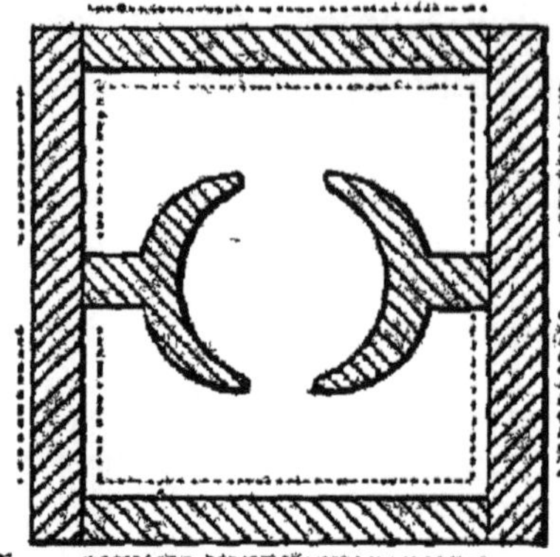

Fig. 87. Inducteur Elwell Parker.

Certaines machines, au lieu d'avoir des inducteurs présentant deux pôles seulement en ont un plus grand nombre; ce nombre est toujours un multiple de 2, et ils sont disposés de telle sorte qu'une section de l'induit passe successivement devant des pôles de noms contraires.

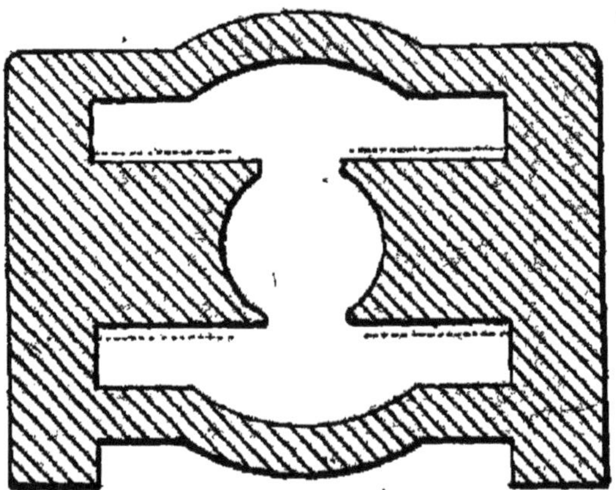

Fig. 88. — Inducteur Lahmeyer.

La figure 89 représente les inducteurs d'une machine Gramme à 4 pôles, formée de 4 électro-aimants placés perpendiculairement les uns aux autres, de façon

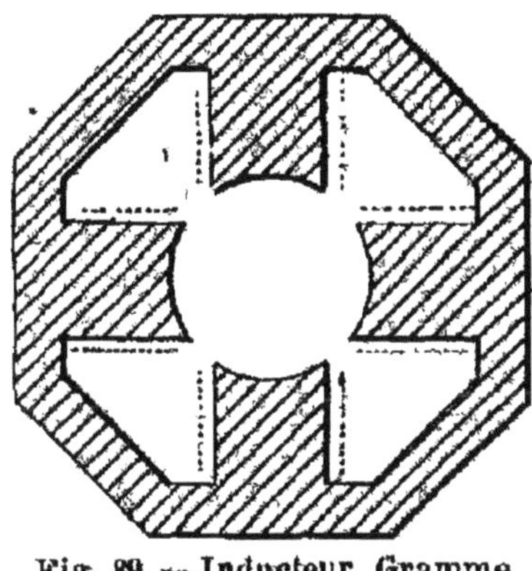

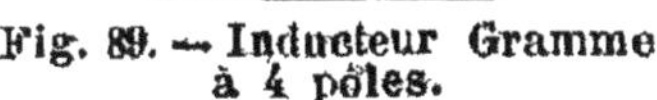

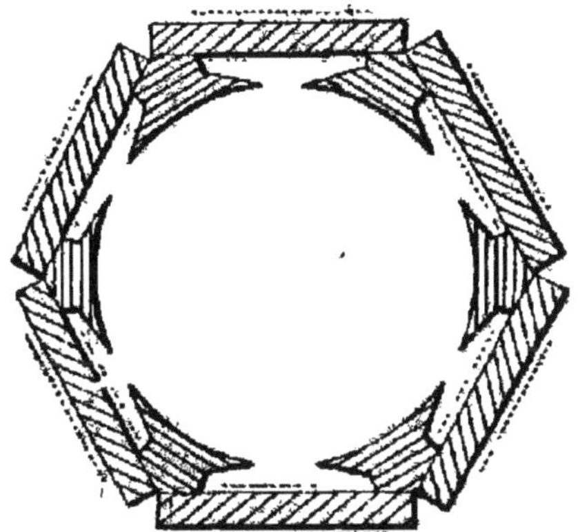

Fig. 89. — Inducteur Gramme à 4 pôles.

Fig. 90. — Inducteur Thury.

à rayonner autour de l'induit, les extrémités extérieures étant reliées par la culasse octogonale.

Les inducteurs de la dynamo Thury comportent 6 pôles ; ils sont disposés suivant un hexagone et formant eux-mêmes culasse (fig. 90).

119. — *Mode d'excitation des électro-aimants.* — Les électro-aimants des inducteurs, pour produire un champ magnétique, doivent recevoir, dans le fil bobiné autour du noyau, un courant électrique. Le cas le plus simple est évidemment celui des machines magnéto-électriques, dans lesquelles les inducteurs sont des aimants permanents ; il n'y a donc pas lieu de fournir aux inducteurs un courant spécial. L'inconvénient de ces machines est d'avoir un poids considérable si l'on veut obtenir un champ magnétique intense, tandis qu'avec les machines dynamo-électriques on peut obtenir un champ beaucoup plus intense avec un poids moindre. Le courant destiné à exciter les inducteurs peut être fourni par une source quelconque, indépendante de la

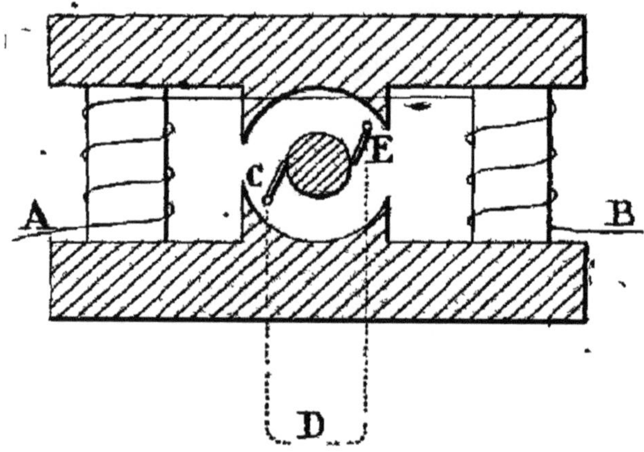

Fig. 91. — Excitation indépendante.

machine elle-même, généralement une autre machine que l'on nomme *excitatrice*. La machine est alors dite à *excitation indépendante* et les circuits sont disposés comme l'indique la figure 91, AB étant le circuit inducteur, et CDE le circuit induit.

120. *Machines auto-excitatrices.* — Le courant d'excitation des inducteurs peut être fourni par la machine elle-même; la machine est alors dite *auto-excitatrice*. L'auto-excitation peut se faire grâce au magnétisme rémanent, qui, au moment où l'induit commence à tourner, produit un champ magnétique très faible, il est vrai, mais suffisant pour faire naître un courant induit qui produit l'excitation des électro-aimants. Par suite de cette excitation, le champ augmente d'intensité, puis le courant induit, et ainsi de suite jusqu'à ce que la machine ait pris son régime normal.

Si c'est le courant total qui est employé à l'excitation des inducteurs, on dit que la dynamo est *excitée en série* ;

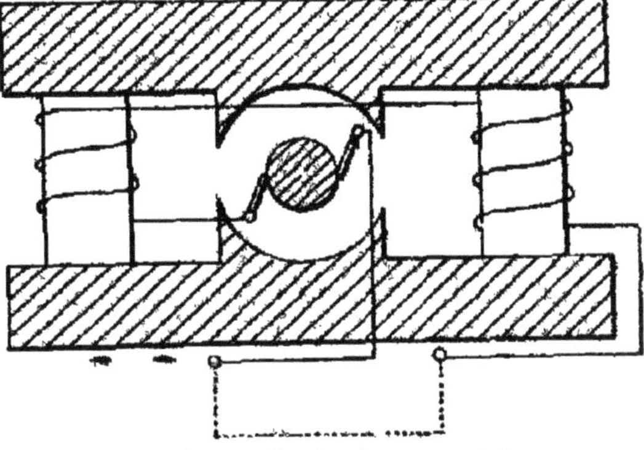

Fig. 92. — Excitation en série.

si, au contraire, on ne fait passer dans les inducteurs qu'une dérivation du courant principal, la machine est dite *dynamo en dérivation* ou *dynamo-shunt*. On peut combiner ces deux modes d'excitation et on obtient alors une *dynamo compound*. Dans ce dernier cas, deux fils sont enroulés sur le noyau des inducteurs : l'un qui reçoit le courant princi-

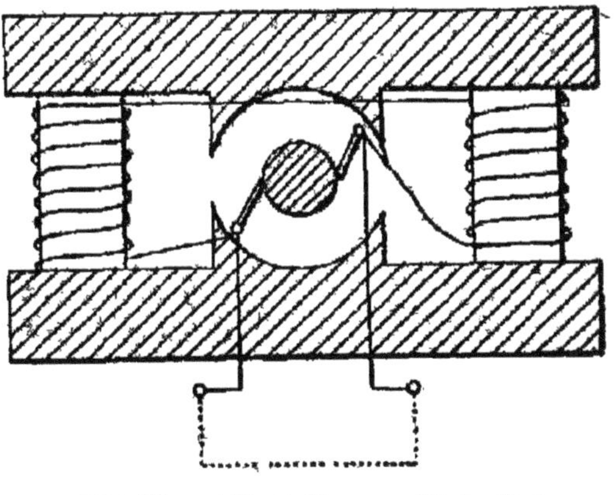

Fig. 93. — Excitation en dérivation.

pal, l'autre une dérivation de ce courant. Si la dérivation est prise aux deux balais, c'est-à-dire aux extrémités de l'induit, on a une *courte dérivation* ; si au contraire elle est prise aux deux bornes de la machine, c'est-à-dire aux extrémités du circuit extérieur, on a une *longue dérivation*.

La figure 92 fait voir le circuit d'une machine en série; la figure 93, celui d'une machine en dérivation ; la figure 94, une machine compoud en courte

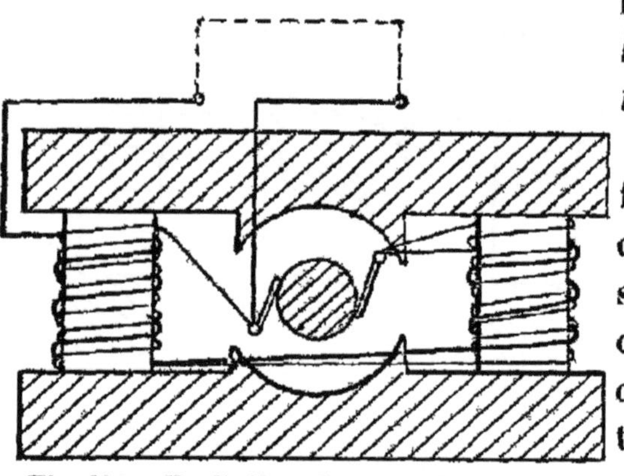

Fig. 94. — Excitation Compound en courte dérivation.

dérivation ; et la figure 95 une machine compound en longue dérivation.

Si on examine les différents modes d'excitation décrits plus haut, on voit qu'en appelant i l'intensité du courant induit et e la force électromotrice, on a pour une machine en série :

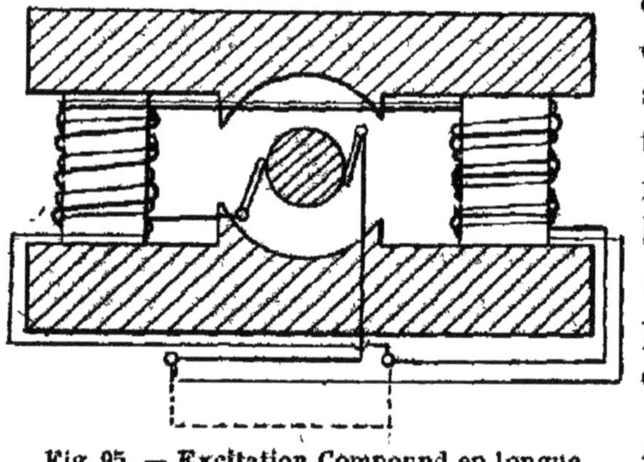

Fig. 95. — Excitation Compound en longue dérivation.

$$i = \frac{e}{r + R + \rho}$$

r étant la résistance du circuit induit, R celle des inducteurs et ρ celle du circuit extérieur.

Les résistances r et R sont fixes pour une même machine : on voit donc que si ρ est très grand, i est très petit et la machine ne s'amorcera pas ; pour amorcer une machine en série, il faut donc que le circuit extérieur n'ait pas une résistance trop grande. Mais, si la résistance de ce circuit devient très faible, l'intensité augmente considérablement ; car en même temps que i augmente par suite de la diminution de ρ, le champ magnétique prend une intensité plus grande, cette intensité dépendant de i ; le champ augmentant, e croît également ; dans la fraction précédente le numérateur augmente en même temps que le dénominateur diminue ; i croît donc très vite.

Les éléments d'une machine étant déterminés pour une certaine intensité, cette augmentation de i peut devenir dangereuse ; on ne doit donc utiliser les machines en série que sur des circuits présentant des résistances comprises entre certaines limites et appropriées à la machine.

Dans une machine en dérivation, l'intensité du courant dans l'induit est

$$i = \frac{e}{r + \dfrac{R\rho}{R + \rho}}.$$

Le courant qui passe dans les inducteurs de résistance R est

$$i' = i \times \frac{\rho}{R + \rho}.$$

On voit que dans ces machines l'intensité du courant dans l'induit ne croît qu'en fonction de la diminution de résistance du circuit extérieur ; car, en même temps que la résistance ρ du circuit extérieur diminue, la résistance des inducteurs restant constante, l'intensité dans ces derniers diminue également et, par suite, l'intensité du champ magnétique et la force électromotrice induite. La force électromotrice diminuant, il en sera de même de l'intensité.

En combinant les deux enroulements en dérivation et en série, on peut donc arriver à rendre le champ magnétique constant, et, par suite, la force électromotrice. En effet, si la résistance extérieure diminue, l'intensité dans la dérivation diminue également, ainsi que le champ magnétique ; mais comme l'intensité augmentera dans le circuit extérieur et, par suite, dans l'enroulement en série, l'action de ce circuit tendra à augmenter l'intensité du champ, ce qui contrebalancera l'effet produit. On conçoit qu'en déterminant d'une façon convenable les enroulements compound, on puisse arriver à obtenir un champ magnétique et, par suite, une force électromotrice constants, quelle que soit la résistance extérieure.

Les machines compound ont donc l'avantage de produire une force électromotrice constante, à condition que la vitesse de l'induit soit elle-même constante. Dans les machines en dérivation, pour obtenir cette force électromotrice constante, il faudrait faire varier l'intensité du courant dans les inducteurs, cette intensité devant croître avec l'intensité du courant induit. On arrive à ce résultat en intercalant dans le circuit inducteur des résistances que l'on fait varier en raison inverse de l'augmentation d'intensité dans le circuit extérieur.

121. *Force électromotrice des machines à courant continu*. — La force électromotrice d'une machine à courant continu peut se calculer approximativement de la manière suivante : Soit une spire d'un anneau Gramme dont la section perpendiculaire à l'axe des pôles de l'inducteur coupe un flux de force Φ; si on la fait tourner autour de l'axe de l'anneau d'un quart de tour, elle se trouvera dans un plan parallèle à la direction des lignes de force, elle n'en coupera donc plus. La variation du flux coupé par la spire sera donc de $\dfrac{\Phi}{2}$; si on la fait tourner encore d'un quart de tour, elle reviendra dans le plan de la ligne neutre et coupera un flux de force $\dfrac{\Phi}{2}$, comme dans la première position. De même la variation sera encore de $\dfrac{\Phi}{2}$ pour les deux autres quarts de la circonférence, et la variation totale du flux de force pour une révolution complète sera de $4 \times \dfrac{\Phi}{2} = 2\,\Phi$.

Or, nous avons vu (50) que la force électromotrice induite est égale au quotient de la variation du flux de force coupé par le circuit, par le temps pendant lequel dure cette variation. Si donc T est le temps d'une révolution de l'anneau et E la force électromotrice induite, on a :

$$E = \frac{2\,\Phi}{T}.$$

Mais dans un anneau comportant N spires, toutes

8.

celles d'une même moitié ajoutent leurs forces électromotrices. On aura donc :

$$E = \frac{\Phi N}{T},$$

et si l'anneau fait n révolutions par seconde, on a :

$$T = \frac{1}{n},$$

d'où : $E = nN\Phi$, ceci exprimé en unités G. G. S. Si on veut exprimer cette force électromotrice en volts, on a :

$$E = nN\Phi \times 10^{-8} \text{ volts,}$$

un volt valant 10^8 unités C. G. S.

La force électromotrice est donc proportionnelle au nombre de spires enroulées sur l'induit, au nombre de tours et à l'intensité du champ magnétique.

122. *Machines multipolaires.* — Dans tout ce qui précède nous n'avons considéré que des machines présentant deux pôles. Mais on construit aussi des machines dans lesquelles les inducteurs présentent plusieurs pôles, et ce type de machine tend actuellement à se répandre de plus en plus.

Considérons une machine à quatre pôles comportant un induit Gramme : on voit qu'il se formera quatre pôles dans l'anneau métallique de l'induit; les spires de fil enveloppant cet anneau passeront donc à chaque tour quatre fois en des points neutres et le courant induit changera quatre fois de sens : les spires placées à 90° l'une de l'autre seront le siège de forces électromotrices égales et de signes contraires ; il faudra donc employer quatre balais placés deux à deux sur

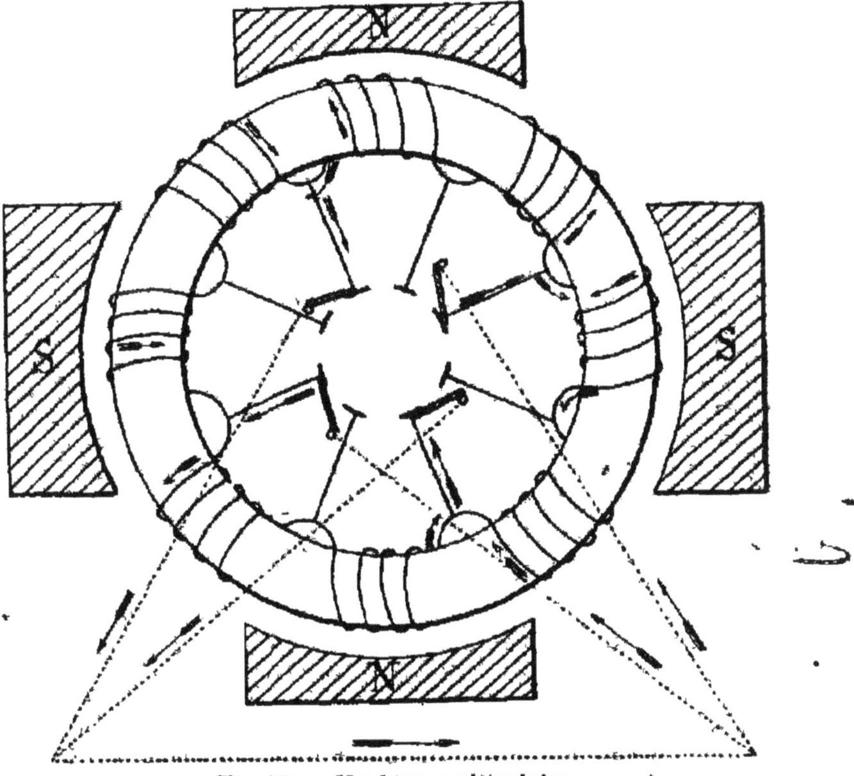

Fig. 96. — Machine multipolaire.

les deux lignes neutres ; les deux balais situés sur une même de ces lignes recevront des courants égaux et de même sens ; on pourra même réunir ces balais entre eux (fig. 96).

Ce sont toujours deux sections diamétralement opposées qui se trouvent réunies par les balais ; on peut donc réunir dans l'induit même toutes les sections diamétralement opposées deux à deux, et n'employer que deux balais placés à 90° l'un de l'autre.

Pour une machine à 6 pôles, le raisonnement serait le même que précédemment, et il faudrait 3 paires de balais placés à 60° les uns des autres; mais, les pôles étant alternativement Nord et Sud, deux pôles de même sens sont à 120° l'un de l'autre; les sections placées à 120° l'une de l'autre sont, par conséquent, le siège de courants de même sens. On pourra donc réunir ces spires en quantité et n'employer que deux balais calés à 120° l'un de l'autre.

123. *Machines à disque.* — Si, au lieu de disposer les sections de l'induit de telle sorte que les spires

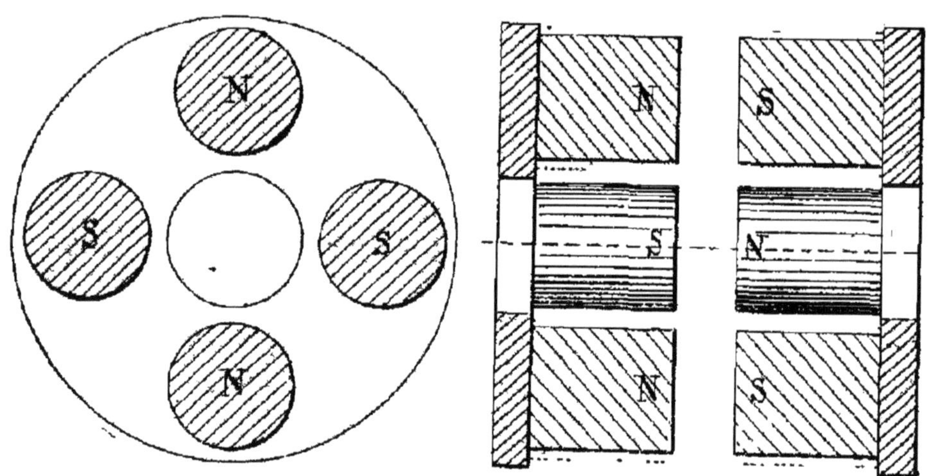

Fig. 97. — Machine a disque.

soient situées dans un plan passant par l'axe de rotation de l'anneau, on les fait tourner de 90° de manière à les amener dans un plan parallèle à celui de l'anneau, on obtiendra ce qu'on appelle un induit à dis-

que. On devra faire tourner ce disque entre des électros dont les noyaux seront perpendiculaires à son
plan. Ces machines sont toujours multipolaires; la
figure 97 montre la disposition de l'inducteur pour
une machine à 4 pôles.

Dans cet induit le disque étant très plat, les pôles
des aimants voisins se trouvent rapprochés : le champ

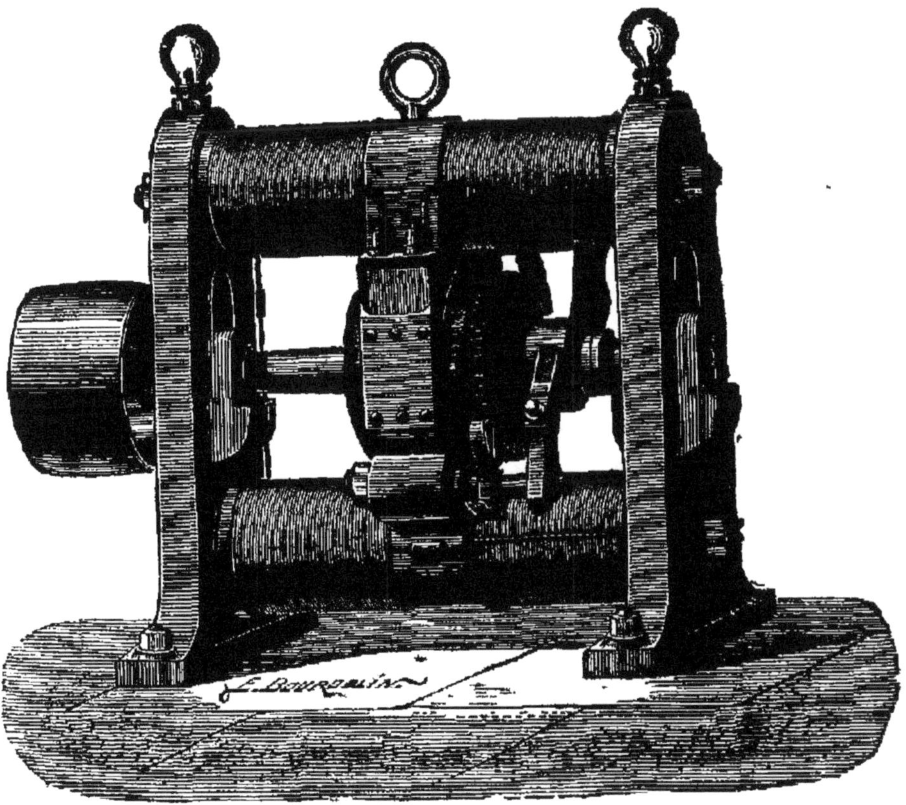

Fig. 98. — Machine Gramme (type d'atelier).

magnétique est très intense et on peut éviter l'emploi du fer dans l'induit.

124. *Différents types de machines à courant continu.* — Nous donnons ci-dessous des vues et descriptions sommaires des principaux types de machines à courant continu.

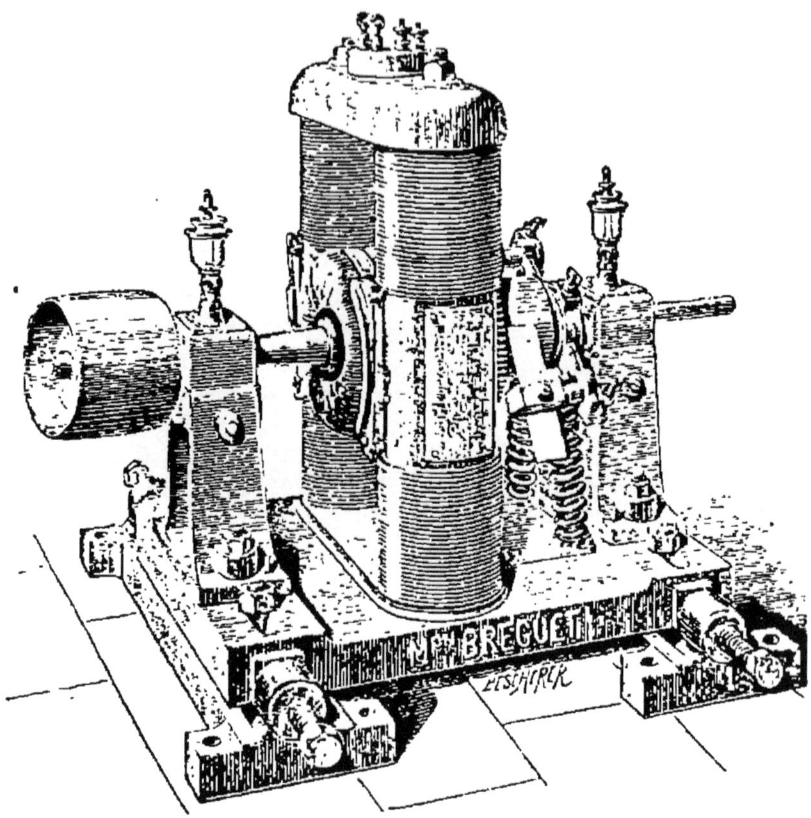

Fig. 99. — Machine Gramme (construction Breguet).

La figure 98 représente un des premiers types de machine Gramme, dit type d'atelier : l'induit est formé par un anneau Gramme dont l'axe est parallèle à celui des inducteurs. Dans cette disposition, on ne peut pas modifier l'angle de calage des balais, ce qui présente un certain inconvénient, ainsi que nous l'avons dit, cet angle devant varier avec l'intensité du courant.

La maison Breguet construit un certain nombre de machines, modifications de ce type précédent, les dispositions en sont représentées par les figures 99 et 100.

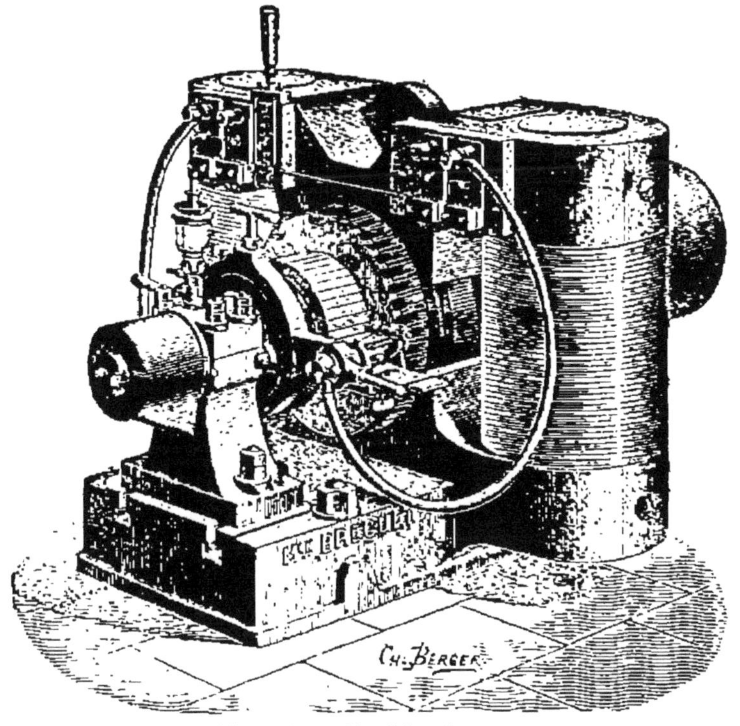

Fig. 100. — Machine Breguet.

La Société Gramme établit actuellement presque toutes les machines dans le type, dit type supérieur, représenté par la figure 101. L'induit se trouve à la partie supérieure des inducteurs; mais, malgré cette position, la machine est très stable ; le collecteur et l'induit sont très dégagés et d'un accès facile.

Dans le type Gramme octogonal représenté par la figure 102, les inducteurs sont formés de 8 électro-aimants réunis deux à deux de manière à donner 4 pôles ; c'est donc une machine multipolaire, et elle a 4 balais. Cette machine est peu employée actuellement. La Société

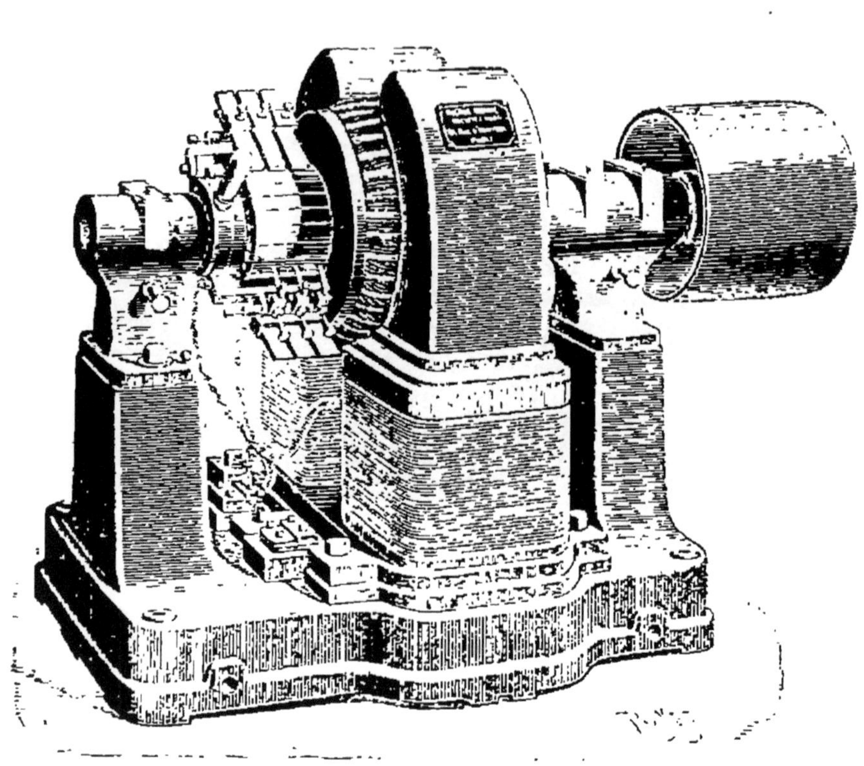

Fig. 101. — Machine Gramme (type supérieur).

Gramme construit également une machine multipolaire qu'elle n'adapte qu'à ses types de forte puissance. La machine représentée figure 103 est à 6 pôles et comporte trois paires de balais dont on peut faire varier le calage par l'intermédiaire d'une vis sans fin. Les machines étant de grande intensité, chaque porte-balais contient deux balais afin d'offrir une plus grande

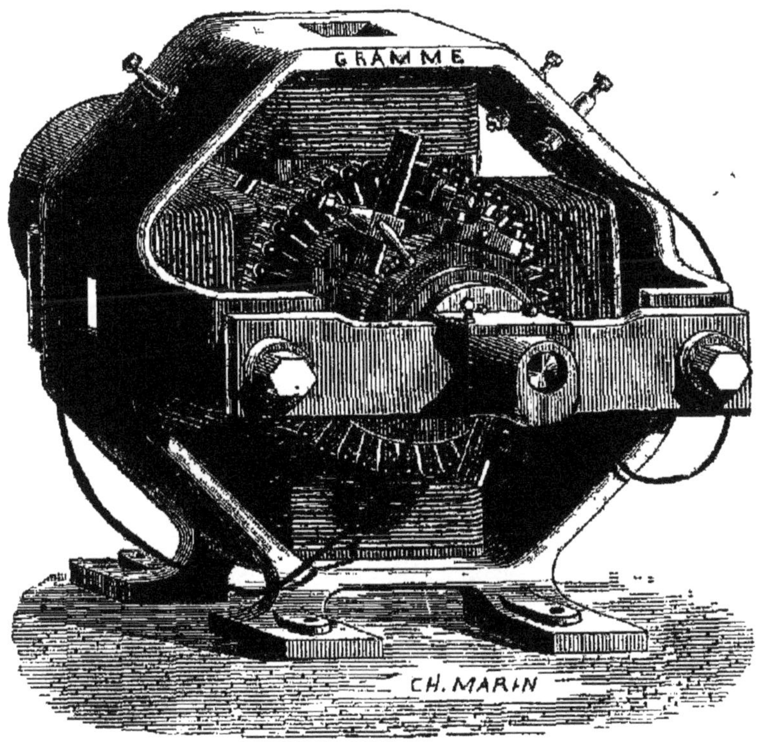

Fig. 102. — Machine Gramme octogonale.

section à l'écoulement du courant. Cette disposition permet également d'enlever un balai en marche sans couper le courant.

Le diamètre de l'anneau étant assez grand, la vitesse à la circonférence devient elle-même très grande, pour une vitesse angulaire assez faible. On peut donc obtenir, avec ce type, des machines tournant assez lentement, ce qui permet de les actionner directement par un moteur sans transmission intermédiaire.

Le type d'induit Manchester a été employé par beaucoup de constructeurs, grâce à la bonne disposition

Fig. 103. — Machine Gramme multipolaire.

que présentent les machines construites sur ce type. Nous signalerons en particulier la dynamo de la maison Breguet, représentée par la figure 100.

La dynamo Hillairet est établie d'après le même principe (fig. 104). Ce constructeur établit également un type multipolaire pour les machines de puissance assez élevée.

La machine Sauter et Harlé, dont les figures 105 à 107 représentent un ensemble et les détails de l'induit,

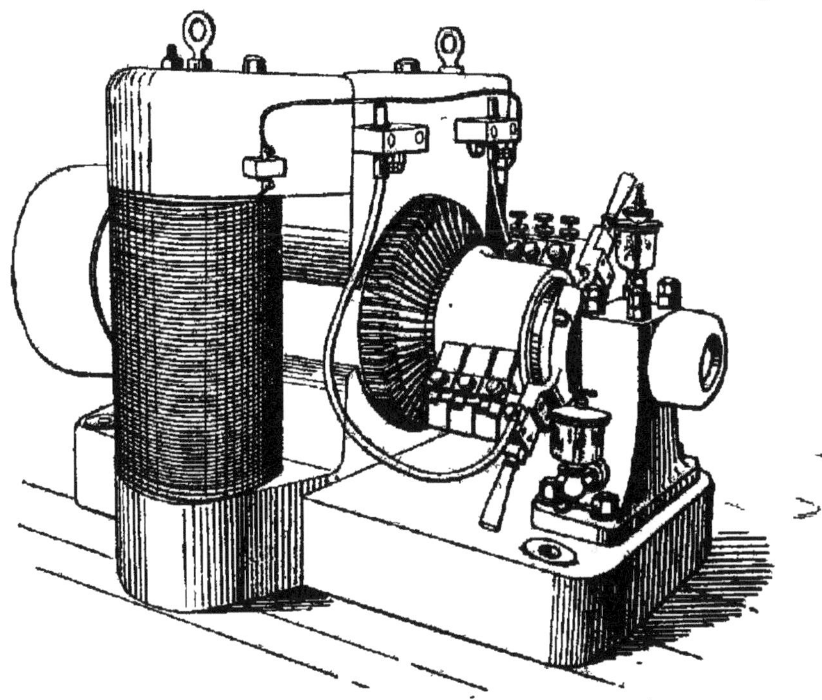

Fig. 104. — Machine Hillairet.

des inducteurs et du porte-balais, est encore une machine type Manchester.

Il en est de même de la machine Brown, construite en France par la Société électro-mécanique.

M. Miot construit une machine dont la bobine de l'électro-aimant est à la partie supérieure, perpendiculairement à l'axe de l'induit, ainsi que le représente la figure 108. Ce constructeur a établi également une machine multipolaire présentant la particularité suivante : les pôles de l'inducteur sont séparés par un intervalle assez grand ; pendant que les fils induits passent dans cet intervalle neutre, il ne peut y naître aucune force électromotrice ; ils sont donc inutiles, et même nuisibles en venant ajouter une résistance au courant induit. M. Miot a remédié à cet inconvénient en retirant du

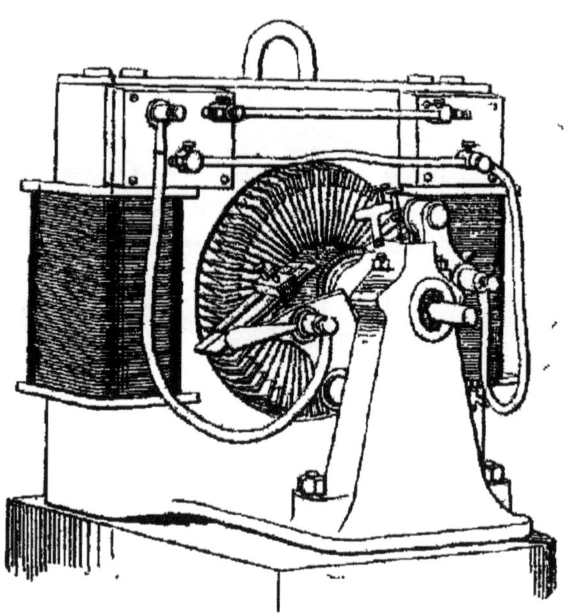

Fig. 105. — Machine Sautter et Harlé.

circuit cette partie, et cela au moyen d'une disposition particulière des balais, qui sont au nombre de trois, deux étant réunis en quantité. Ces deux balais prennent le courant aux deux extrémités de zones neutres ; alors l'inconvénient qui résultait de cette zone inutile devient un avantage, car les fils induits, en passant dans cette région ne recevant aucun courant, se refroidissent, ce qui permet d'augmenter la densité du courant dans le fil induit.

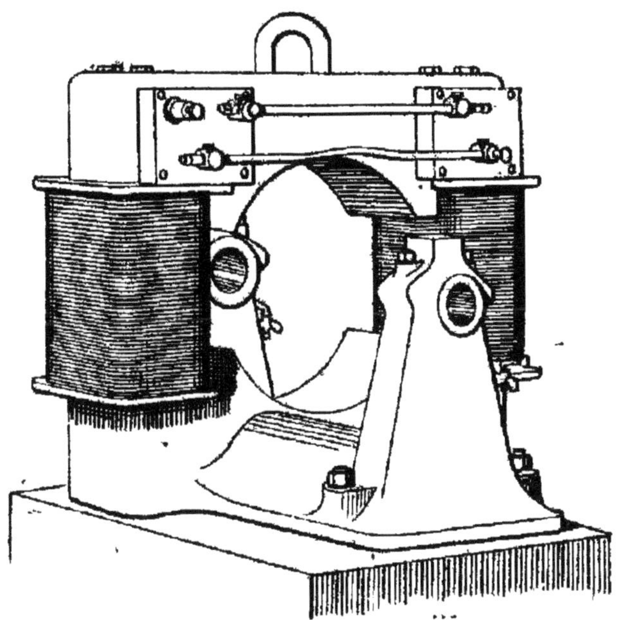

Fig. 103. — Inducteurs de la machine Sautter et Harlé.

La machine multipolaire de ce système est formée de 3 électro-aimants entourant complètement l'induit. Cette disposition permet de donner à la dynamo une grande stabilité (fig. 109).

Dans toutes les machines que nous venons de décrire, l'induit est un anneau Gramme, dont la forme seule va-

Fig. 107. — Porte-balais.

rie ; il en est de même dans certaines machines dont l'anneau prend la forme d'un disque. La machine

Schuckert est de ce type ; les inducteurs sont disposés de façon à agir sur les côtés du disque.

La maison Fabius Henrion construit plusieurs modèles de ces machines, représentés fig. 110 et 111.

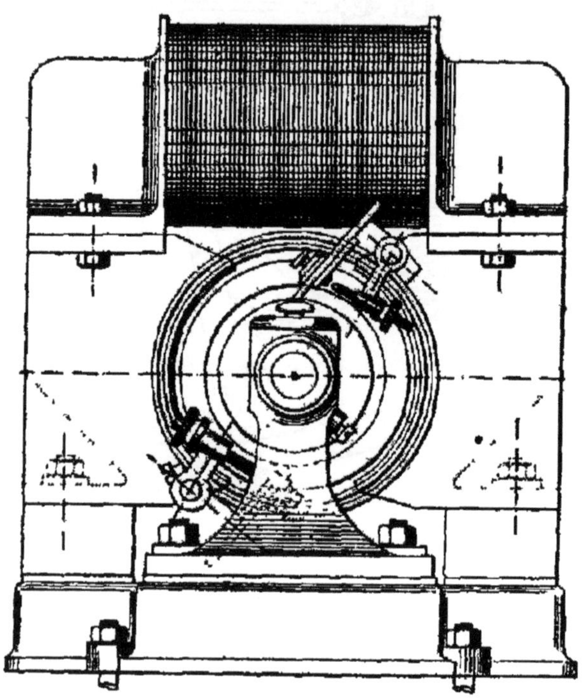

Fig. 108. — Machine Miot.

La machine Desroziers, dont l'induit est en disque,
ne rentre dans aucune des catégories précédentes ; les
spires du circuit sont placées à plat de chaque côté
du disque, ainsi que l'indique la fig. 113. Ce disque est
formé de deux plateaux dont chacun comprend la

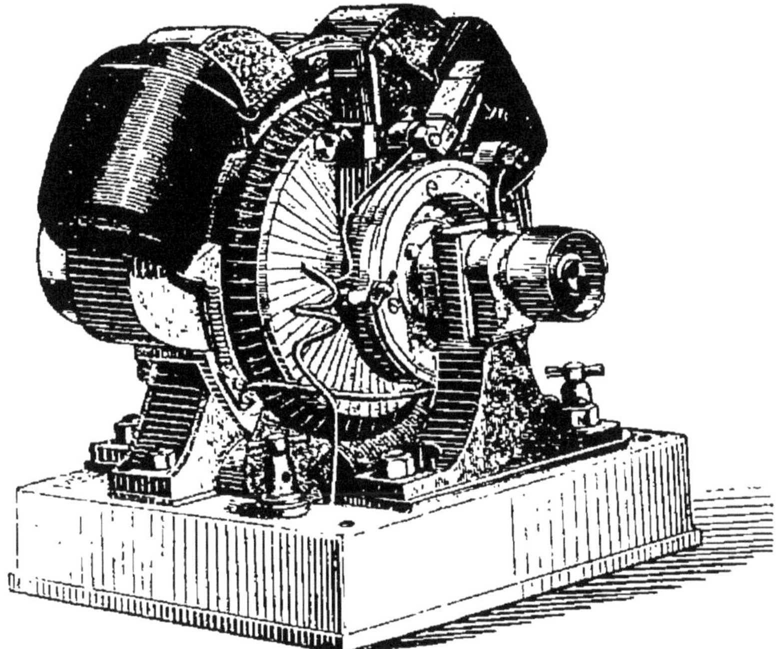

Fig. 109. — Machine Miot multipolaire.

Fig. 110. — Machine Schuckert.

moitié de l'enroulement. Dans chaque plateau, toutes les parties radiales sont sur une face et toutes les parties circulaires sur l'autre : on évite ainsi les croisements de fils.

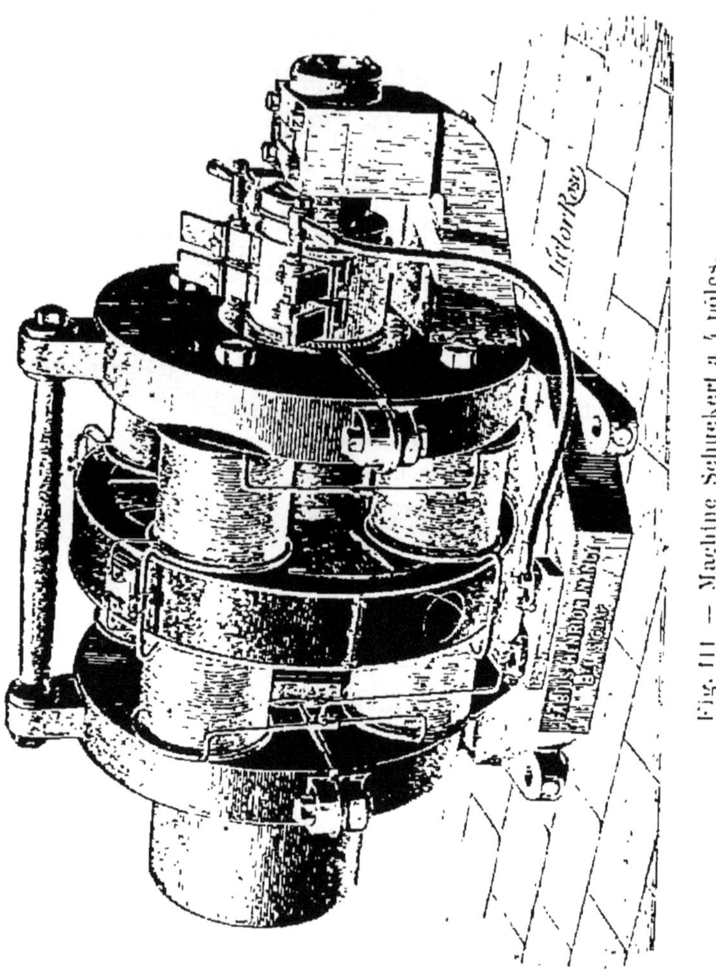

Fig. 111 — Machine Schuckert à 4 pôles.

La fig. 112 fait voir l'ensemble d'une machine Desroziers construite par la maison Breguet. Le disque pouvant être très grand, on peut arriver à donner des vitesses angulaires relativement faibles ; en outre, l'induit ne contenant pas de fer, l'échauffement des fils est beaucoup moins considérable, ce qui permet d'augmenter la densité du courant dans l'induit.

Fig. 142. — Machine Desroziers.

. L'armature Siemens est employée également dans un grand nombre de machines. Nous signalerons en première ligne les machines Siemens et Halske dont les principaux modèles sont représentés par les figures 114 et 115 dans lesquelles les inducteurs placés verticalement sont formés de 4 ou 8 bobines.

La maison Siemens et Halske construit aussi une machine identique à la machine Gramme, type

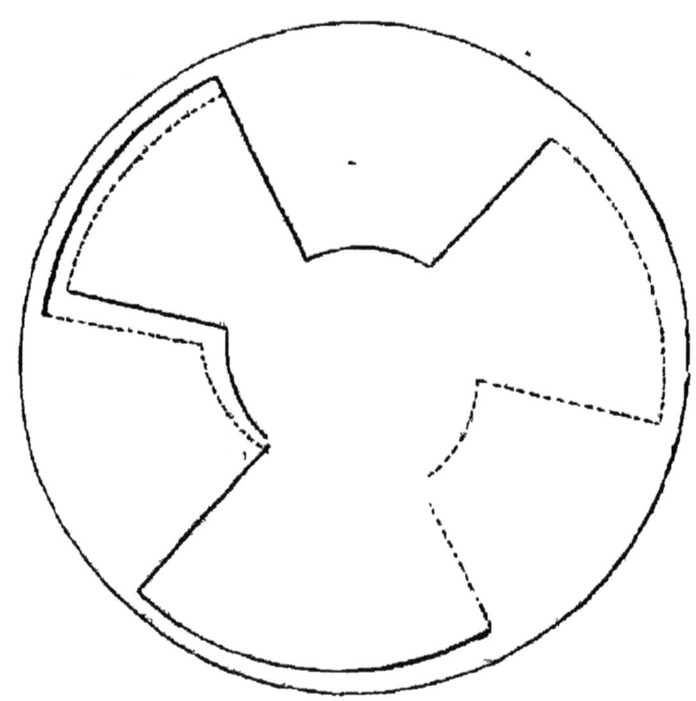

Fig. 113. — Disposition des fils sur le disque de la machine Desroziers.

supérieur, dans laquelle l'anneau Gramme est remplacé par une armature Siemens.

La figure 117 représente une machine Siemens destinée à l'électro-métallurgie pour laquelle on a besoin de courants très intenses et de faible tension; les fils des inducteurs et de l'induit sont remplacés par des barres de cuivre de section appropriée à l'inten-

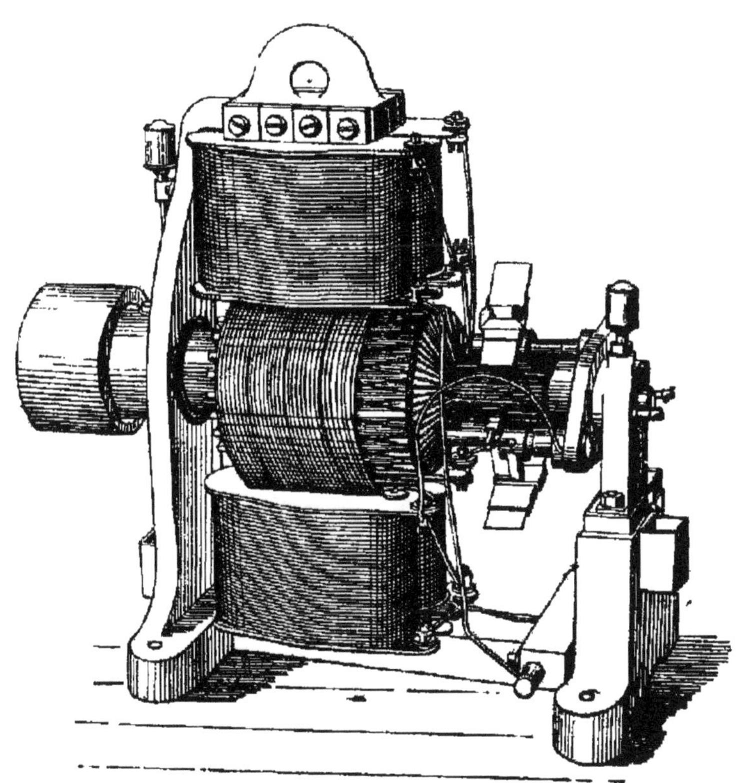

Fig 114. — Machine Siemens, type D.

sité du courant qui doit les traverser, et isolées les unes des autres simplement par un petit espace.

Les dynamos construites par les anciens établissements Cail, et représentées par les figures 121 et 122 réunissent les qualités mécaniques et électriques qui mettent à profit les innovations les plus récentes.

La carcasse de la dynamo Cail est d'une très grande perméabilité magnétique car elle est en acier extra-

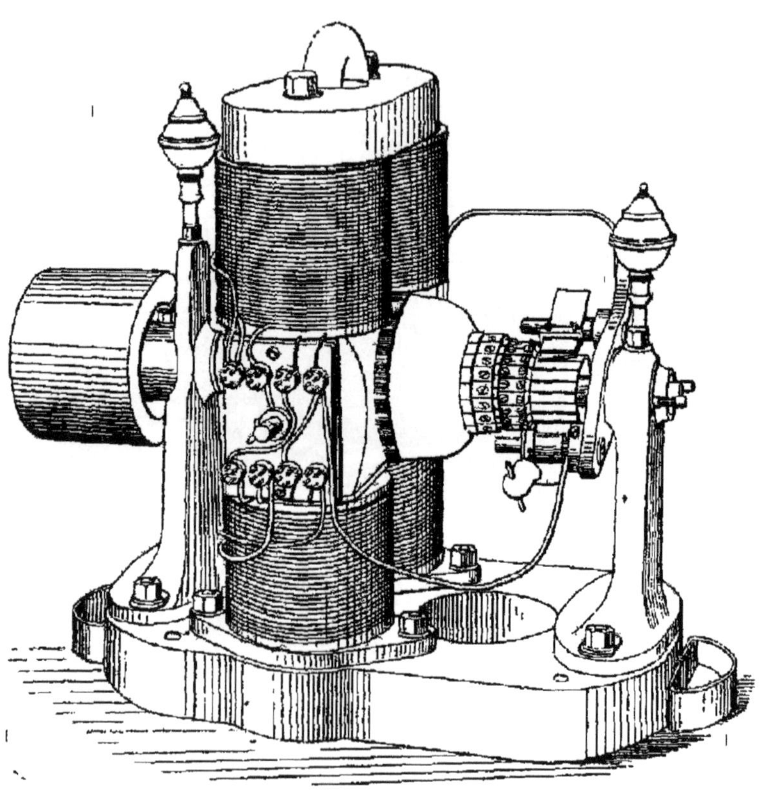

Fig. 115. — Machine Siemens, type F.

doux recuit, d'une homogénéité parfaite ; elle est coulée d'une seule pièce.

Elle se fait surtout remarquer par sa forme étudiée

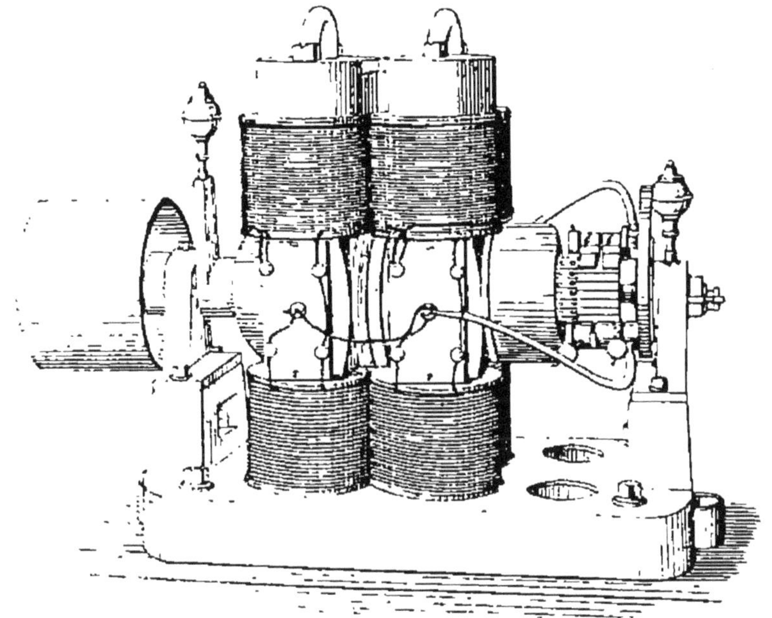

Fig. 116. — Machine Siemens, type F.

Fig. 117. — Machine Siemens pour électro-métallurgie.

très attentivement en vue d'éviter toute déperdition de flux. Le champ magnétique est intense, très ramassé.

La ventilation est bien assurée, elle peut être augmentée dans des cas spéciaux par un ventilateur automatique qui agit en temps voulu; la densité de courant peut alors être très élevée.

Fig. 118. — Dynamo Cail-Helmer.

Les inductions sont seulement de 10000 unités C. G. S. dans l'induit, 8000 dans l'inducteur; les pertes par hystérisis sont donc atténuées.

L'excitation des inducteurs absorbe 2 0/0 environ de la puissance utile.

Fig. 119. — Dynamo Caïl-Helmer (grand modele).

La réaction d'induit est très faible, les étincelles sont ainsi supprimées aux balais.

Voici les données principales de quelques dynamos Cail-Helmer.

	C 5	C 9	Tétrapolaire.
Puissance utile en kilowatts	6,6	19,8	60
Différence de potentiel utile en volts	110	110	120
Courant utile en ampères	60	180	500
Vitesse angulaire en t : m	1340	860	510
Vitesse périphérique en m : s	13,5	13	15,1
Nombre de conducteurs extérieurs sur l'induit	216	128	210
Flux utile (Φ) en kilo-unités C.G.S.	2343	6000	6964
Induction $\mathfrak{B}$ —	9,2	10,66	14,75
Perte dans l'induit en watts	326	720	2060
— dans l'inducteur —	390	682	1380
— par hystérésis —	64	147	855
— mécanique et courants de Foucault en watts	284	630	1920
Perte totale en watts	1064	2179	6215
Rendement électrique en pour 100	90,2	93,5	94,6
Rendement industriel	86,2	90,2	91,6
Densité du courant dans le fil induit, en A : mm²	5,7	4,8	4
Densité du courant dans le fil inducteur	2,54	1,4	1,2
Force magnétisante à pleine charge en ampères-tours, par circuit magnétique	8800	20600	14130

La Société « L'Éclairage électrique » construit des machines inventées par M. Rechniewski. La figure 120

Fig. 120. — Machine Rechniewski.

représente une machine bipolaire et son induit. Les

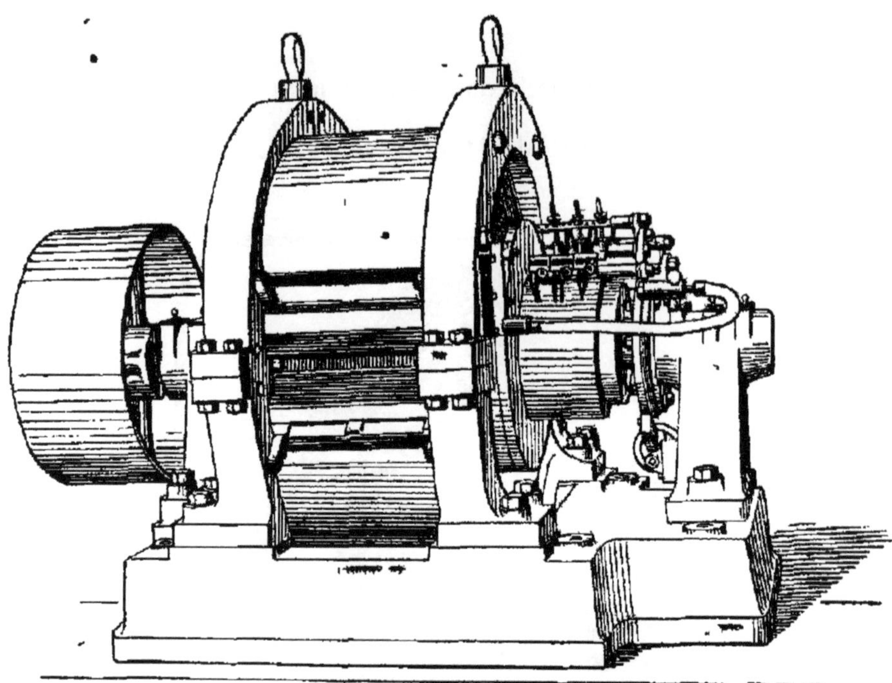

Fig 121. — Machine multipolaire (système Rechniewski).

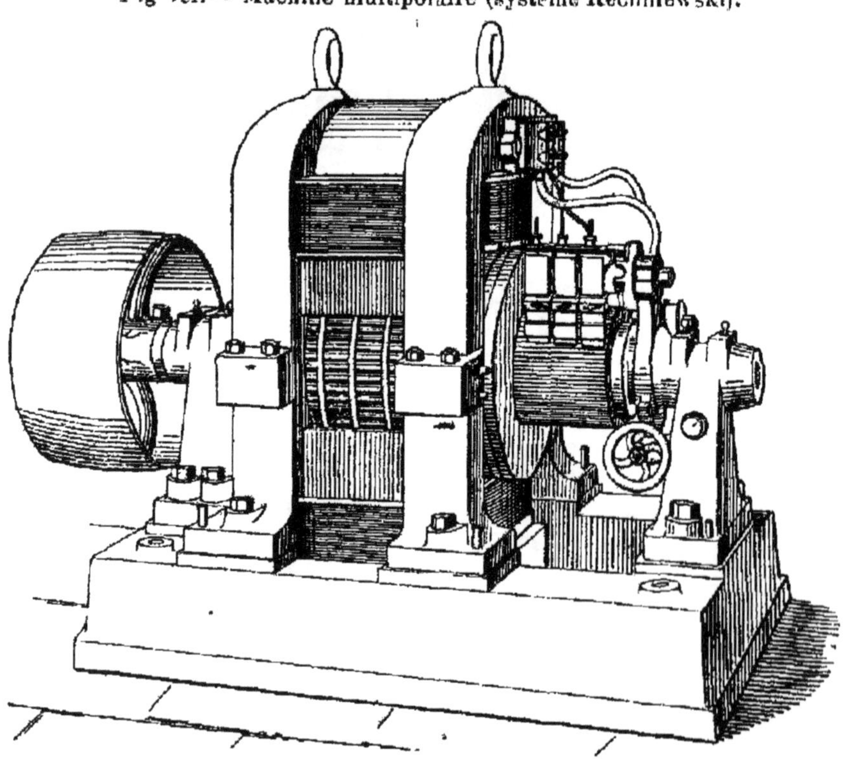

Fig. 122. — Machine multipolaire (système Rechniewski).

noyaux des inducteurs sont formés de tôles découpées, isolées les unes des autres de manière à éviter la production de courants locaux (*Courants de Foucault*);

Fig. 123. — Machine Thury hexagonale.

ces tôles sont assemblées au moyen de boulons et fixées sur le bâti. Ces machines ont l'avantage d'être relativement légères.

M. Rechniewski construit également des machines multipolaires dont les figures 121 et 122 représentent un type à 4 pôles et un type à 8 pôles; la machine représentée par la figure 120 est à 8 pôles, et de grande puissance.

L'induit de la machine Rechniewski peut être rattaché au type Siemens sous le rapport de l'enroulement; mais le noyau métallique présente la particularité d'être denté : il est constitué de disques en fer portant des dents entre lesquelles sont enroulées les spires du circuit induit ; la distance d'*entrefer* (espace

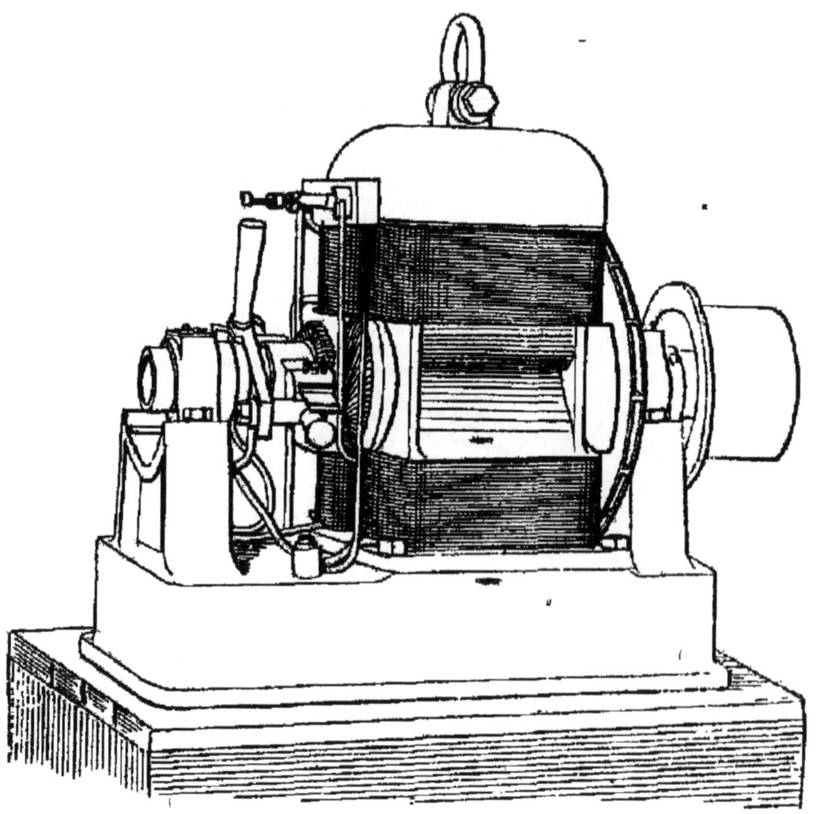

Fig. 124 — Machine Thury.

compris entre le fer de l'induit et celui des inducteurs) est ainsi diminué, ce qui a pour effet d'améliorer le rendement de la machine.

La machine Thury, représentée par la figure 123, est également à armature Siemens. Elle comporte 6 pôles et les inducteurs entourent complètement l'induit.

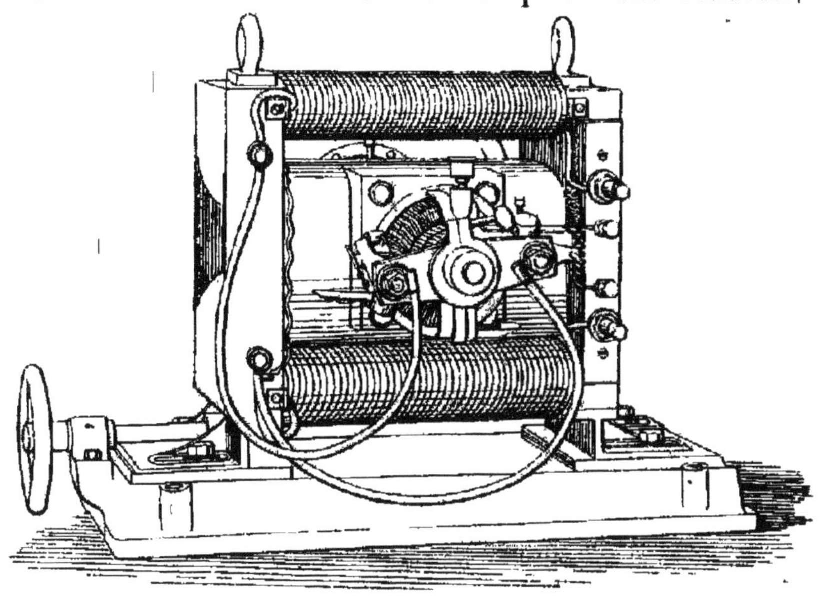

Fig. 125. — Machine Thury.

M. Thury construit aussi, pour les petites puissances, d'autres types de machines bipolaires représentées par les figures 125 et 126.

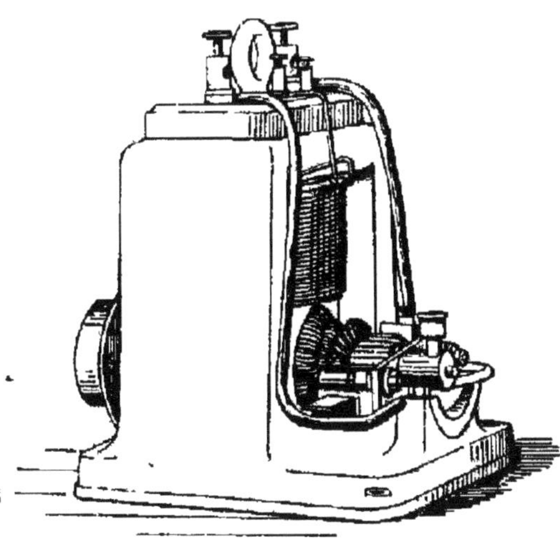

Fig. 126. — Machine Thury.

La machine Thomson - Houston, représentée par la figure 127, diffère considérablement des machines décrites précédemment.

L'armature a la forme d'une sphère, formée d'une

coquille de fonte sur laquelle est enroulé un fil de fer dont les spires sont perpendiculaires à l'axe de rotation (fig. 128). Par dessus ce fil de fer se trouvent les sections du fil induit; ces sections sont au nombre

Fig. 127. — Machine Thomson-Houston.

de trois, et chacune d'elles couvre 120° de la circonférence. Elles sont réunies entre elles par une de leurs extrémités, les trois autres extrémités viennent se réunir aux trois lames du collecteur. Les balais sont diamétralement opposés; ils sont doubles, les deux parties d'un même balai étant à 60° l'une de l'autre, comme l'indique la figure 129. De cette manière deux segments du collecteur se trouvent réunis en

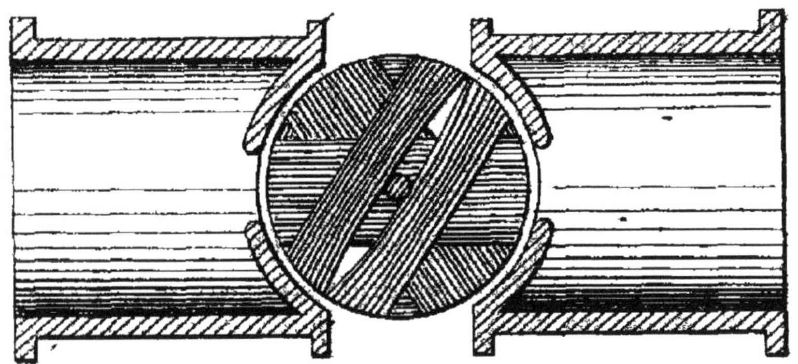

Fig. 128. — Induit de la machine Thomson-Houston.

quantité sous l'un des balais, tandis que l'autre ne touche que le troisième segment. Si on fait reculer les balais a et d et avancer les balais b et c, l'intervalle compris entre a et c d'une part et b et d d'autre part sera rendu plus petit que 120°, et à un certain moment deux balais de sens opposés se trouveront sur la même lame du collecteur.

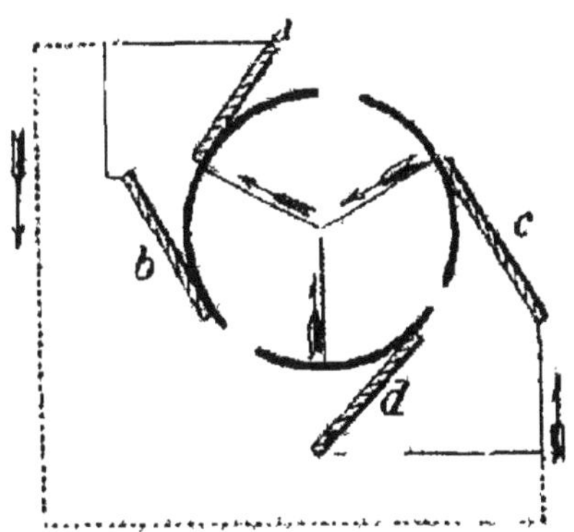

Fig. 129. — Disposition du balai de la machine Thomson-Houston.

La section correspondante de l'induit se trouvera en court circuit; par conséquent la force électromotrice sera diminuée. Un régulateur placé sur la machine produit automatiquement ce mouvement, suivant les variations d'intensité du courant extérieur.

Les machines Thomson-Houston portent généralement, calé sur l'arbre de l'induit, un ventilateur que l'on peut voir sur la figure 127. Ce ventilateur a pour but de refroidir l'induit, ce qui permet de diminuer un peu le diamètre des fils de l'armature.

CHAPITRE VII

125. *Théorie de la machine à courants alternatifs.*
— Nous avons vu, dans l'exposé de la théorie de l'anneau Gramme, que le courant dans chaque section de l'anneau change de sens au passage de chaque ligne neutre; et le collecteur est disposé de façon à recueillir les courants toujours dans le même sens. Si, au lieu de se servir d'un collecteur, on recueille directement les courants produits par une section, on obtiendra un courant alternatif. Ce courant changera de sens deux fois pendant la révolution complète s'il est produit par une machine bipolaire; dans une machine multipolaire il changera de sens autant de fois qu'il y aura de pôles.

Considérons une portion d'anneau sur lequel sont enroulées plusieurs sections et, pour plus de simplicité, supposons chaque section réduite à une spire : l'anneau tournera dans un champ magnétique engendré par des pôles successivement Nord et Sud. Si une section correspond à chaque pôle de l'inducteur, le sens du courant sera inversé dans deux sections successives; mais si on a accouplé les sections ainsi que cela est indiqué sur la figure ci-dessous, on aura formé un seul conducteur, dans lequel tous les courants auront le même sens et s'ajouteront. Quand les sections passeront devant les lignes neutres, tous les courants élémentaires changeront de sens et, par suite, le courant total fera de même ; ce courant changera donc de sens pendant une révolution complète autant de fois qu'il y aura de lignes neutres, et par conséquent de pôles.

On appelle *période* l'espace de temps qui s'écoule entre deux instants où le courant a le même sens et

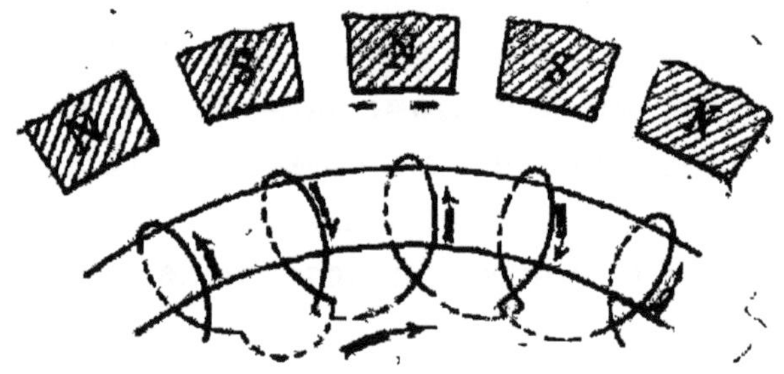

Fig. 130. — Principe de la machine à courants alternatifs.

la même valeur, c'est-à-dire le temps qu'une spire met à passer d'un pôle au pôle suivant de même nom. On appelle *fréquence* le nombre de périodes par seconde.

Pour recueillir le courant, il suffit de placer sur l'axe de l'induit deux bagues isolées l'une de l'autre et auxquelles sont fixées les extrémités du circuit induit ; sur chacune de ces bagues frotte un balai.

126. *Différentes formes d'induits.* — Les induits peuvent être en anneau, en tambour ou en disque, comme pour les machines à courant continu. Dans les machines à anneau, il arrive souvent, ainsi que cela se présente dans les machines Gramme, que c'est l'induit qui est fixe, les inducteurs mobiles; dans ce cas, l'inducteur a la forme d'une roue dentée, chaque dent formant un électro-aimant. L'enroulement sur

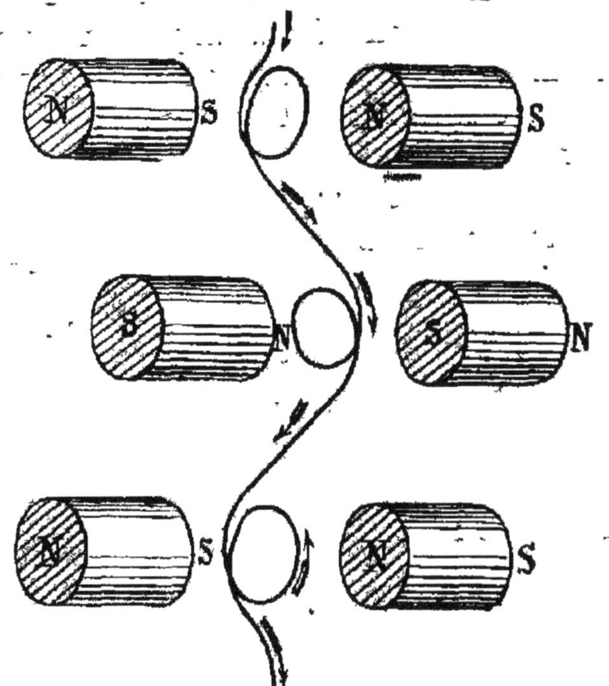

Fig. 131. — Disposition des circuits d'une machine à courants alternatifs a disque.

ces dents est disposé de telle sorte que les pôles successifs soient de noms contraires. Généralement, le nombre des sections de l'induit est un multiple du nombre des pôles de l'inducteur; on ne doit associer en série que les bobines placées semblablement par rapport aux pôles inducteurs.

Dans les induits en disque, le plan de chaque spire

est parallèle au plan du disque, et chaque section est ordinairement formée par une suite de bobines indépendantes. La figure 131 montre la disposition des circuits d'un induit en disque.

127. *Inducteurs des alternateurs.* — Les inducteurs peuvent être formés d'aimants permanents, comme dans la machine de Méritens, où ils sont composés d'une série d'aimants en fer à cheval et de barreaux aimantés.

Dans les machines employées actuellement, les inducteurs sont formés d'électro-aimants excités par une machine indépendante à courant continu. Quelques machines sont auto-excitatrices; dans ce cas le courant des inducteurs est fourni par une dérivation du courant induit, le courant de cette dérivation étant redressé par un collecteur spécial. Dans certains cas, la machine excitatrice fait corps avec l'alternateur et l'arbre des deux induits est commun.

128. *Différents types de machines à courants alternatifs.*— Machine-Gramme (fig. 132).—Dans cette machine l'induit est fixe; il est formé d'un anneau bobiné d'après le type Gramme; les extrémités du circuit induit viennent aboutir à des bornes auxquelles on attache le circuit extérieur; ces bornes et les connexions sont disposées de façon à ce que l'on puisse faire varier le couplage des différentes sections. A l'intérieur de l'induit est placé l'inducteur composé de 8 électro-aimants rayonnant autour de l'axe. Les pôles de noms contraires étant alternés, le courant de ces électros est fourni par une machine à courant continu indépendante, et il est amené par l'intermédiaire de balais frottant sur deux bagues montées sur l'axe. Dans le modèle représenté par la figure, l'induit de la dynamo excitatrice est monté sur l'arbre des inducteurs de l'alternateur et tourne entre les pôles d'un électro-aimant placé à l'intérieur du bâti de la machine.

Dans l'alternateur Siemens, les inducteurs sont fixes et l'induit est formé de bobines plates placées à la pé-

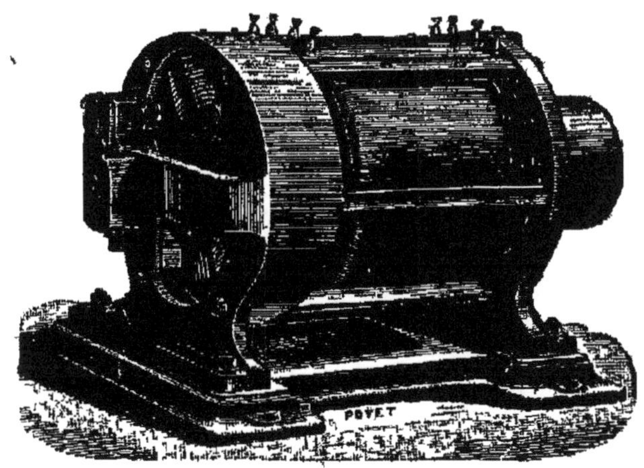

Fig. 132. — Alternateur Gramme.

riphérie d'un disque tournant entre les pôles des électro-aimants de l'inducteur. L'excitation est toujours faite par une dynamo indépendante à courant continu.

La figure 133 représente un alternateur système Labour, construit par la Société « L'Éclairage électrique ». Comme la machine Siemens, cet alternateur comporte des inducteurs fixes et un induit en disque ; il ne contient pas de fer. L'excitation des inducteurs est faite par une petite machine à courant continu montée sur le même arbre. Ces machines sont généralement éta-

Fig 133. — Alternateur Labour.

blies pour une force électromotrice de 1500 à 3000 volts et une fréquence de 80.

L'alternateur Ferranti est encore basé sur le même système; les inducteurs sont identiques; les flasques qui le portent sont divisés en deux parties et montés sur des glissières. Cette disposition permet de dégager l'induit qui est de forme très aplatie et constitué d'un noyau en cuivre autour duquel est enroulée une bande de cuivre dont les tours successifs sont isolés par de la fibre vulcanisée (fig. 134). Ces bobines sont reliées 2 à

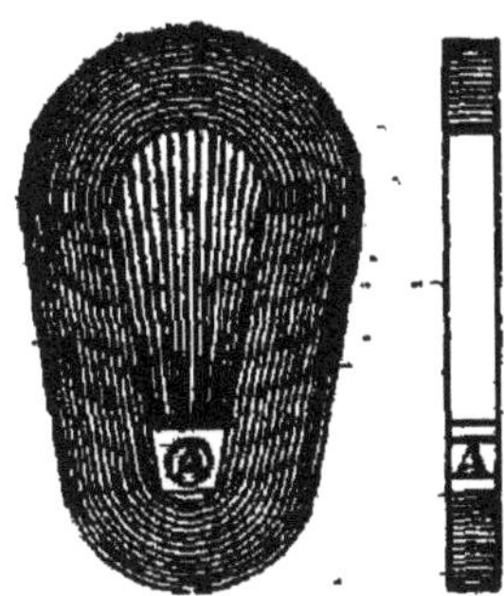

Fig. 134. — Bobine d'alternateur Ferranti.

Fig. 135. — Prise de courants de l'alternateur Ferranti.

2 en quantité et tous les groupes sont en tension. Dans

cette machine, les balais sont remplacés par des frotteurs qui entourent complètement les bagues recevant les extrémités du circuit induit. Comme il n'est pas nécessaire de toucher à ces frotteurs, on peut enfermer le tout dans une cage en verre afin d'éviter les accidents. Cette prise de courants est représentée par la figure 135. L'excitation des machines Ferranti est faite au moyen d'une machine à courant continu, montée sur le même arbre que l'induit.

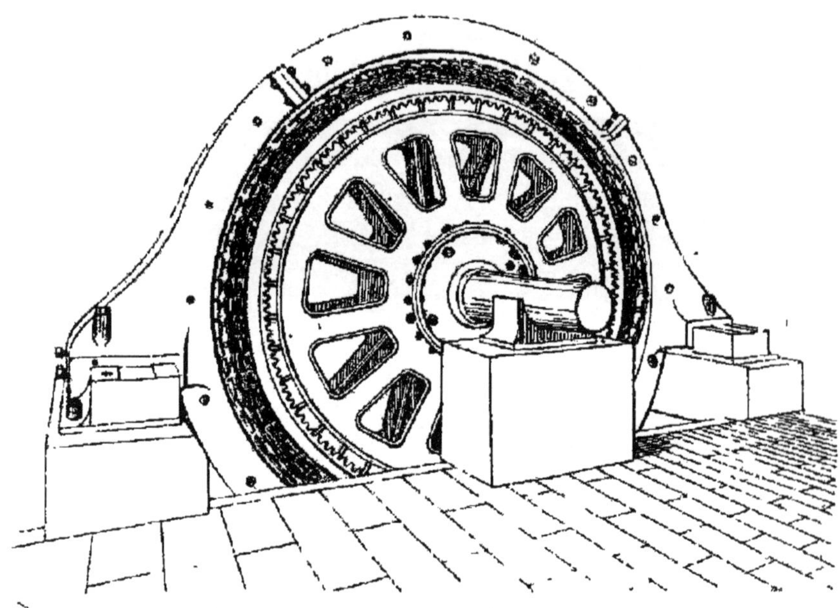

Fig. 136. — Alternateur Hillairet-Huguet.

L'alternateur Lontin est composé d'un induit fixe, à l'intérieur duquel tourne un inducteur. Celui-ci est formé d'un certain nombre d'électro-aimants disposés comme les dents d'une roue dentée, autour d'un moyeu. L'induit comporte autant de bobines qu'il y

en a dans l'inducteur; ces bobines sont placées à l'intérieur du grand cercle qui leur sert de support, et leurs

Fig. 137. — Alternateur Brown-Boveri.

axes sont dans le prolongement des axes des électro-
aimants inducteurs, c'est-à-dire suivant les rayons du
cercle.

M. Hillairet construit un alternateur dont le principe est le même que le précédent, avec cette différence que les électro-aimants forment l'inducteur qui est

Fig. 138. — Alternateur Cail Holmer

fixe, les électro-aimants extérieurs formant l'induit mobile.

La figure 136 représente un des modèles de ces machines, qui peut produire 450000 watts avec une fréquence de 40.

L'alternateur Brown-Boveri, construit par MM. We-

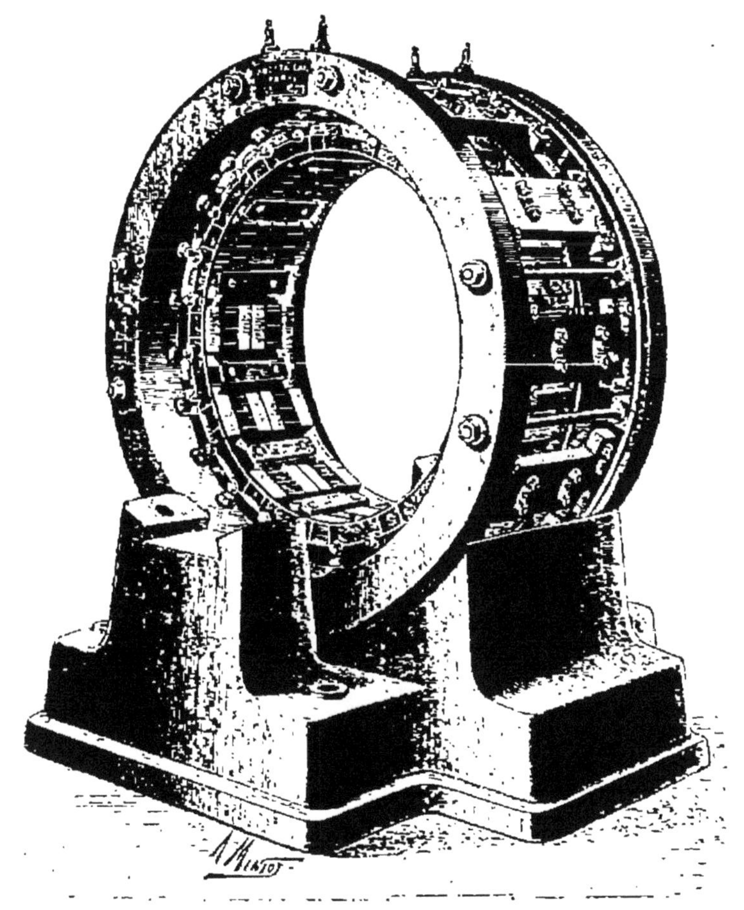

Fig. 159. — Inducteur de l'alternateur Cail-Helmer.

yher et Richemond et représenté par la figures 137, comporte un inducteur fixe, analogue au précédent, et un induit mobile à l'intérieur de cet inducteur,

Alternateur à flux renversé, système Cail-Helmer. — Les fig. 139 et 140 représentent un alternateur Cail-Helmer dans lequel la partie magnétique, tant pour l'induit que pour les inducteurs, est formée de feuillets en tôle découpés en rectangles sans déchets; ils sont recourbés en U et emboîtés les uns dans les autres.

Les pertes par courants de Foucault sont atténuées par l'interposition de feuilles de papier, les déperditions magnétiques sont à peu près nulles, les pôles

Fig. 140. — Induit de l'alternateur Cail-Helmer.

induits étant éloignés des pièces, d'ailleurs en métal très peu magnétique, qui les supportent.

La perte par hystérésis est insignifiante : l'induction spécifique, la faible longueur des circuits, la section du fer étant coordonnées de manière à obtenir le meilleur effet.

Voici les données relevées sur un alternateur Cail-Helmer.

Puissance utile en kilowatts	30
Différence de potentiel efficace	2400
Intensité en ampères	12,5
Vitesse en tours par minute	600
Nombre de noyaux induits	12
Fréquence ou périodes par seconde	60
Induction maxima dans le fer induit (unités C.S.G.)	3600
Poids du fil induit en kg	52
Poids du fil inducteur en kg	96
Poids du fer des noyaux induits en kg	154
Poids du fer des noyaux inducteurs en kg	312

CHAPITRE VIII

129. *Principe des transformateurs.* — Le principe des transformateurs est le même que celui de la bobine de Ruhmkorff : ils transforment un courant de force électromotrice E et d'intensité I en un autre courant de force électromotrice E' et d'intensité I', de sorte que $E'I' = EI$. Dans la bobine de Ruhmkorff on transforme un courant de faible force électromotrice et de forte intensité en un courant de grande force électromotrice et de faible intensité. Dans le transformateur à courants alternatifs, on fait généralement le contraire : on transforme un courant de grande force électromotrice et de faible intensité en courant de force électromotrice moindre et de grande intensité.

En principe, un transformateur est formé de deux circuits enroulés sur un même noyau de fer; le circuit dans lequel on envoie le courant est dit circuit *primaire;* l'autre, dans lequel se produit un courant d'induction est le circuit *secondaire.*

Si on envoie un courant alternatif dans le circuit induction, il naîtra un flux de force dans le noyau de fer, l'intensité et la direction de ce flux de force varieront suivant la même loi que le courant alternatif qui les engendre : la bobine induite étant dans ce champ, il se produira dans son circuit un courant opposé à celui du courant primaire et suivant la même loi de variation ; ce courant aura donc la même période que le primaire. Le courant induit agira également sur le noyau de fer, mais en sens inverse du courant primaire ; il tendra à affaiblir le champ magnétique du noyau.

Les forces électromotrices induites seront proportionnelles au nombre de spires des bobines ; en faisant varier le nombre des spires, on pourra obtenir toutes les forces électromotrices.

130. *Différents types de transformateurs à courants alternatifs.* — Ce sont MM. Gaulard et Gibbs qui ont construit les premiers transformateurs industriels. Le transformateur Gaulard et Gibbs est composé d'un noyau formé d'un faisceau de fils de fer enfermés dans un tube en fibre vulcanisée ; ces fils de fer sont isolés les uns des autres par un vernis.

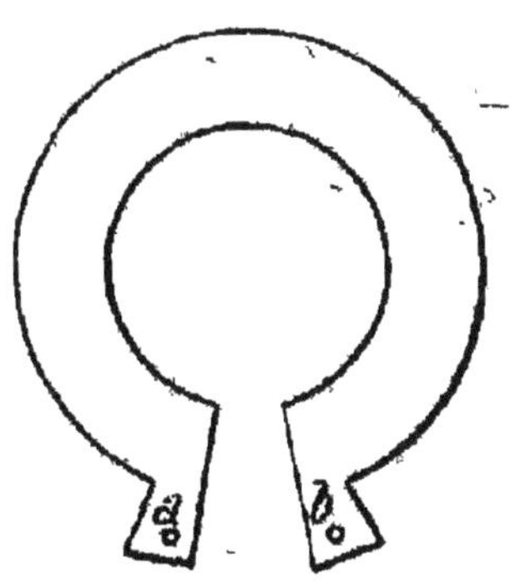

Fig. 141. — Élement de transformateur Gaulard et Gibbs.

Les enroulements sont constitués par des disques en cuivre dont la forme est représentée par la figure 141.

Tous ces disques sont superposés et isolés les uns des autres par des rondelles de carton verni à la gomme laque. Des appendices *a* et *b* permettent de réunir les différents disques d'un même circuit de façon à former un ruban continu, et les disques appartiennent alternativement à chaque circuit : ils sont donc réunis entre eux seulement de deux en deux.

A cet effet, ils sont disposés de telle sorte que l'appendice *b* de l'un des disques se trouve au-dessous de l'appendice *a* auquel il doit être assemblé.

Le circuit secondaire est divisé en plusieurs sections qui peuvent être groupées de différentes manières afin

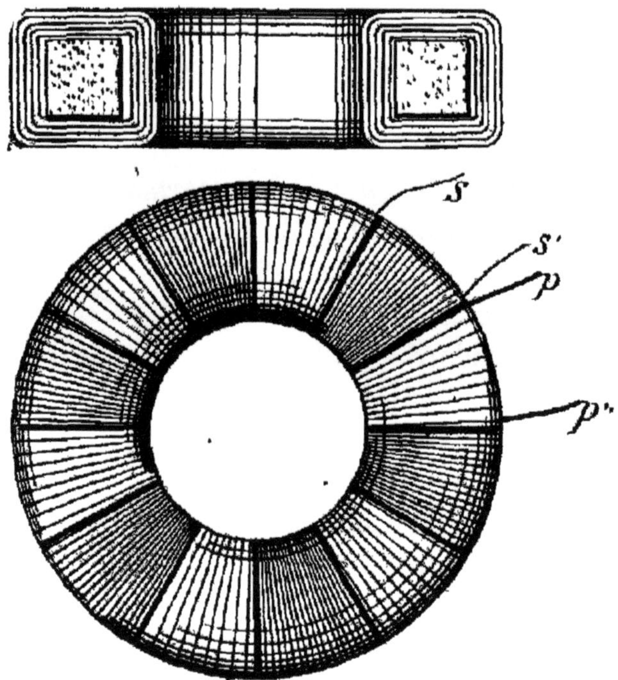

Fig. 142. — Transformateur Zipernowski.

de produire différentes forces électromotrices. En outre, le noyau de fer peut se déplacer, ce qui permet de modifier l'induction. Comme ce noyau ne constitue pas un circuit magnétique fermé, il offre une résistance magnétique au flux de force qui se produit à l'intérieur. Il y a donc intérêt à employer un noyau fermé sur lui-même et présentant un circuit magnétique complet ; c'est ce que l'on fait dans tous les nouveaux transformateurs.

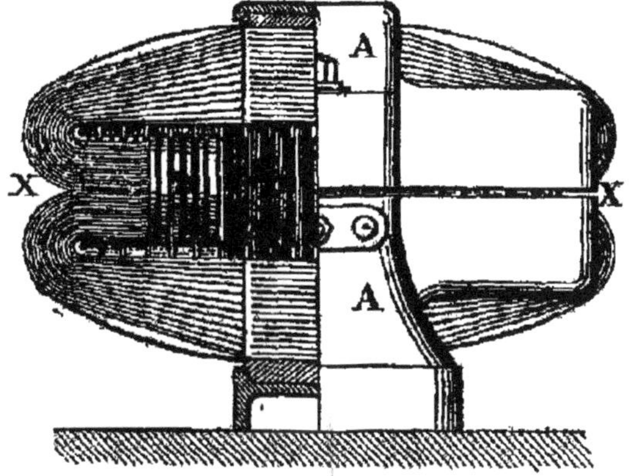

Fig. 148. — Transformateur Ferranti.

MM. Zipernowski, Deri et Blathy ont construit plusieurs autres types de transformateurs : dans un de leurs modèles les circuits primaire et secondaire sont enroulés ensemble de manière à former un tout autour duquel est bobiné le fil de fer formant le noyau.

Dans un autre type, le fer est enroulé en forme d'anneau et les circuits primaire et secondaire l'entourent comme les sections d'un anneau Gramme, ainsi

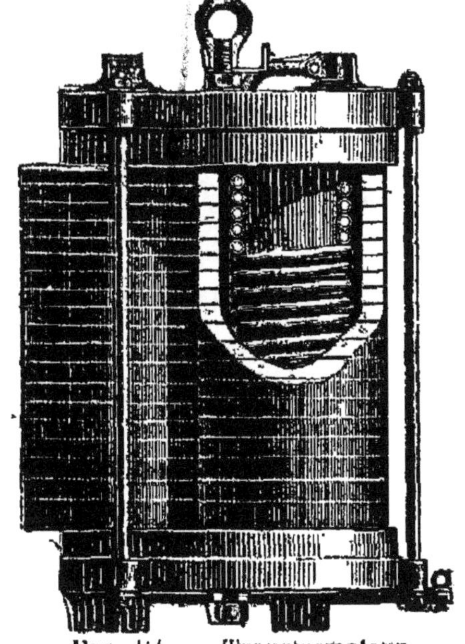

Fig. 144. — Transformateur triphasé de Brown.

que le représente la figure 142.

Dans le transformateur Ferranti, le circuit secon-

daire D, composé de lames de cuivre séparées les unes
des autres par un isolant, est enroulé autour de lames
de fer X. Par-dessus le circuit secondaire, on enroule
le circuit primaire en fil fin qui n'en est séparé que par

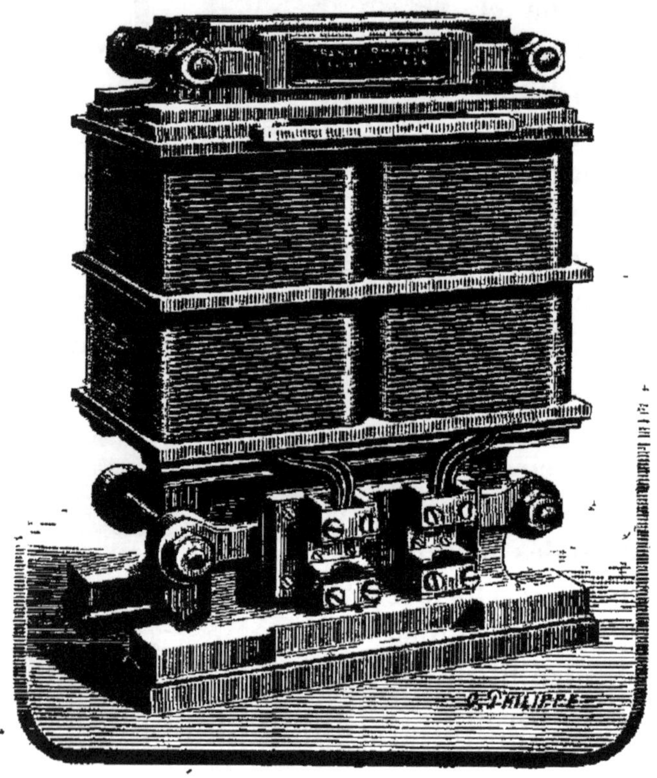

Fig. 145. — Transformateur Labour.

une couche de papier paraffiné. Cet enroulement étant
fait, les extrémités des lames de tôle formant noyau
sont repliées par dessus de manière à fermer le circuit
magnétique.

Les enroulements primaire et secondaire du transformateur Westinghouse sont distincts et placés l'un

à côté de l'autre ; ils forment des bobines plates, enfermées dans des pièces de tôle découpée, ainsi que le
montre la figure146 ; ils sont isolés les uns des autres
et assemblés par des bou-
lons.

La Société « L'Éclairage
électrique » construit les
transformateurs, système
Labour dont la figure
145 représente un des
types. Le noyau est for-
mé par des tôles décou-
pées et assemblées comme
dans les machines Rech-
niewski. Sur ce noyau à
deux branches est enroulé
le circuit primaire et, par
dessus, le circuit secon-
daire ; après l'enroule-
ment, on place entre les
extrémités libres des deux
branches du noyau les
chutes primitives de tôle
découpée et isolée qui
viennent compléter le circuit magnétique.

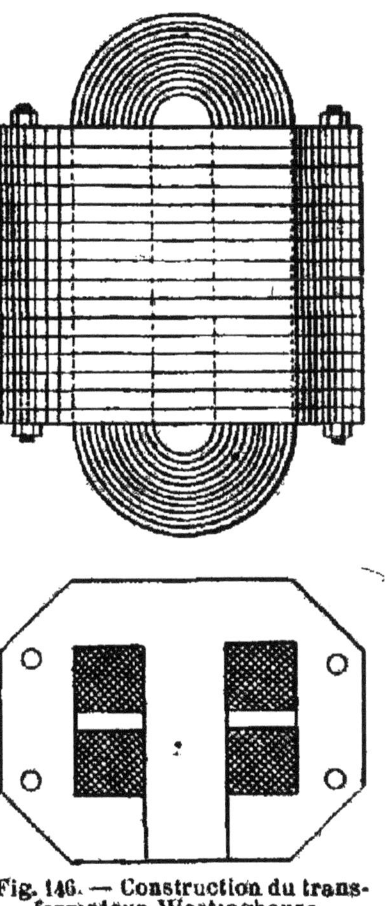

Fig. 146. — Construction du transformateur Westinghouse.

Pour permettre d'atténuer les variations du potentiel aux bornes du secondaire, M. Helmer a construit un transformateur dont la partie magnétique
se compose d'un cylindre qui peut se mouvoir à
l'intérieur de la carcasse rectangulaire alésée inté-

rieurement pour le recevoir (figures 147 et 148).

Ce cylindre supporte les enroulements primaire et secondaire ; un volant permet de le placer soit dans

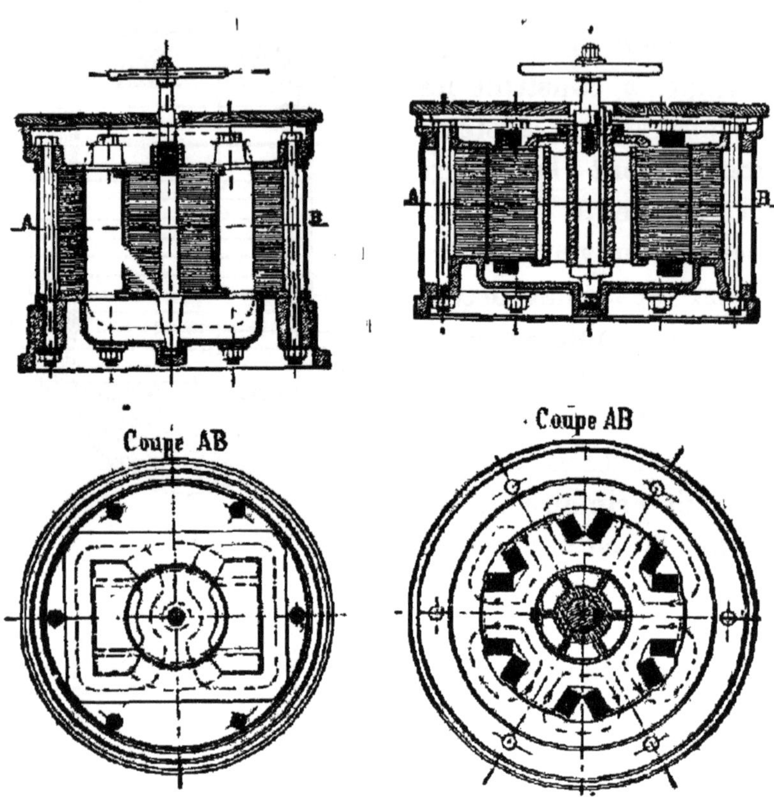

Coupe AB

· Coupe AB

Fig. 148. — Transformateur Helmer à circuits magnétiques multiples.

Fig 147. — Coupes d'un transformateur.

la position où la résistance est minima, soit dans celle qui lui est normale pour laquelle elle est maxima.

La fig. 147 représente un transformateur Helmer circulaire à circuit magnétique unique; la fig. 148 donne un second type à circuits magnétiques multiples.

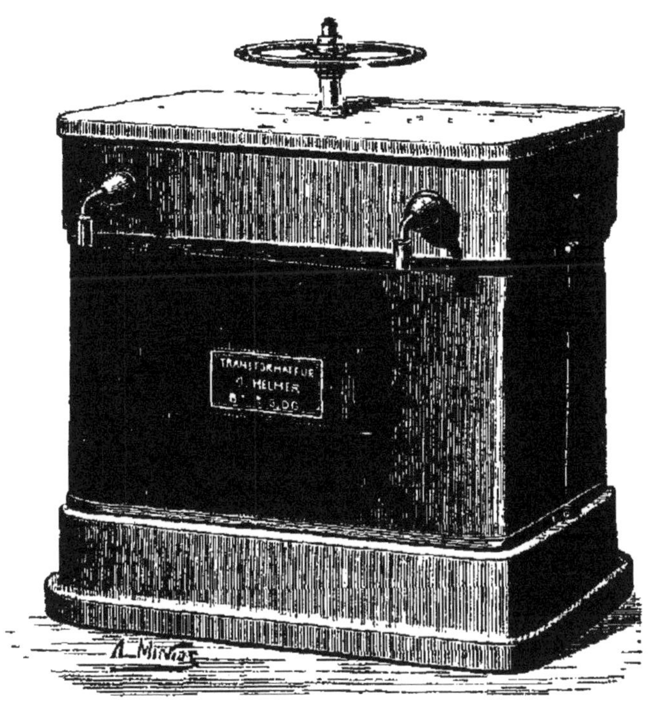

Fig. 149. — Transformateur Helmer (vue perspective).

Voici un tableau des données principales d'un transformateur Helmer :

Puissance en kilowatts   25
Fréquence ou nombre de périodes par seconde .,   60
Section efficace totale du circuit magnétique en
    dehors du cylindre central en cm²   380
Poids total du fer en kg.   300

11.

Circuit primaire:

Densité de courant par cm² 140
Nombre de spires 640
Poids de cuivre en kg. 47
Différence de potentiel efficace aux bornes en
volts 2400

Circuit secondaire :

Induction maxima en unités C. G. S. 3000
Densité du courant par cm² 145
Nombre de spires 32
Poids de cuivre en kg 47,5
Différence de potentiel efficace en volts . . . 120

CHAPITRE IX

MACHINES A COURANTS POLYPHASÉS.

131. *Définition des courants polyphasés.* — On peu
représenter un courant alternatif par une courbe sinu-
soïdale que l'on obtient en portant en abscisses les
temps, et en ordonnées les forces électromotrices.
Cette courbe est de la forme ABCDE. Une période est

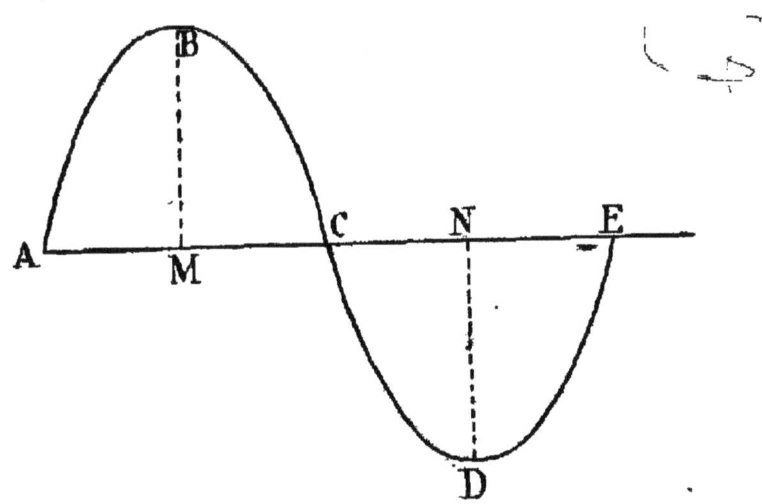

Fig. 150. — Courbe d'un courant alternatif.

le temps représenté par AE que met la force électromotrice à revenir à 0 après avoir passé par un

maximum B, une valeur nulle en C et un minimum en D.

On appelle *phase* une variation complète du courant ABCDE.

Deux courants semblables passant au même instant par les mêmes valeurs sont dits avoir même période et même phase. Si ces deux courants mettant le même temps à effectuer un cycle complet, c'est-à-dire ayant même période, ne passent pas simultanément par leurs valeurs nulles, au même instant les phases ne concordent plus et on dit que les courants sont *décalés*; s'ils

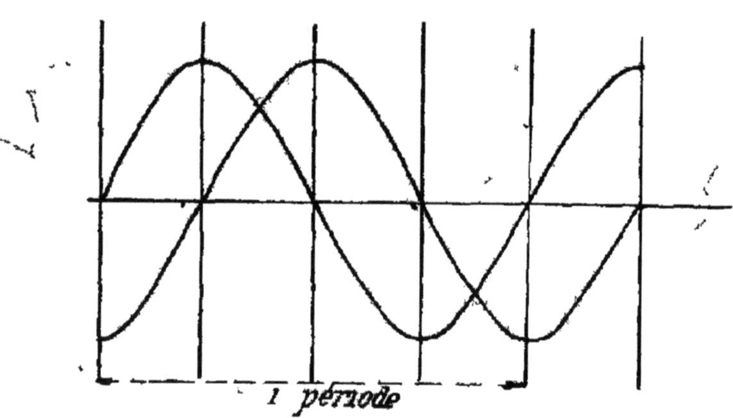

Fig. 151. — Courant diphasé.

ont deux phases distinctes, ces courants sont dits *diphasés*. Si, au lieu de deux courants, on en considère trois, décalés les uns par rapport aux autres, on obtient des courants *triphasés*, et, en généralisant avec plusieurs courants décalés les uns par rapport aux autres, on obtient des courants *polyphasés*.

On dit que le décalage d'un courant par rapport à

un autre est égal à un quart de période, quand ce courant passe par les mêmes valeurs que le précédent après un intervalle de temps égal à un quart de période.

Les figures 151 et 152 représentent les phases d'un courant diphasé décalé d'un quart de période, et d'un courant triphasé ou décalé d'un tiers de période.

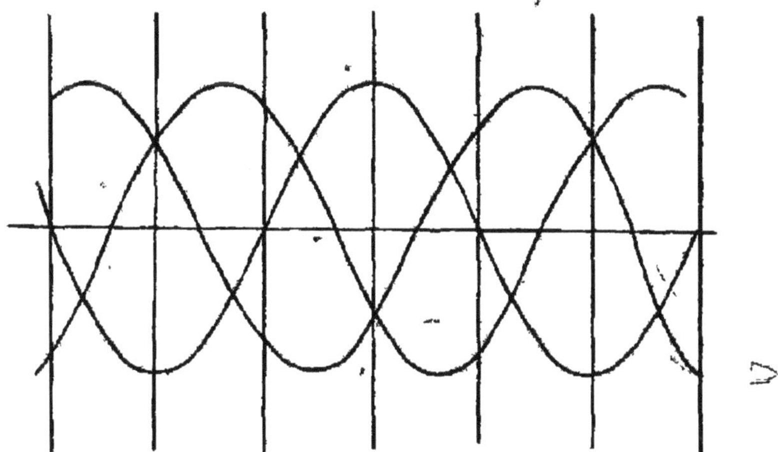

Fig. 152. — Courant triphasé.

Pour recueillir un courant diphasé, il faudra quatre conducteurs, ou bien trois conducteurs dont un plus gros que les deux autres, ce dernier servant de retour commun, tandis que pour les courants triphasés on peut employer trois fils égaux, l'intensité du courant dans un fil étant à chaque moment égale à la somme des intensités dans les deux autres.

132. *Champ tournant.* — Si on envoie deux courants alternatifs diphasés dans deux bobines placées

perpendiculairement l'une à l'autre, chaque bobine produira un champ magnétique perpendiculaire à son
plan; il en résultera un champ magnétique constant
dont la direction tournera avec une vitesse égale à un
tour par période; on obtient alors ce qu'on appelle
un *champ magnétique tournant*. Si on place dans ce
champ un circuit fermé, il sera le siège de courants
induits qui tendront à le faire tourner dans le sens de
la rotation du champ.

M. Ferraris a démontré le principe du champ magnétique tournant au moyen de l'appareil représenté
figure 153. Cet appareil comprend deux bobines B et
B′, dont l'une B′ est formée de deux circuits enroulés

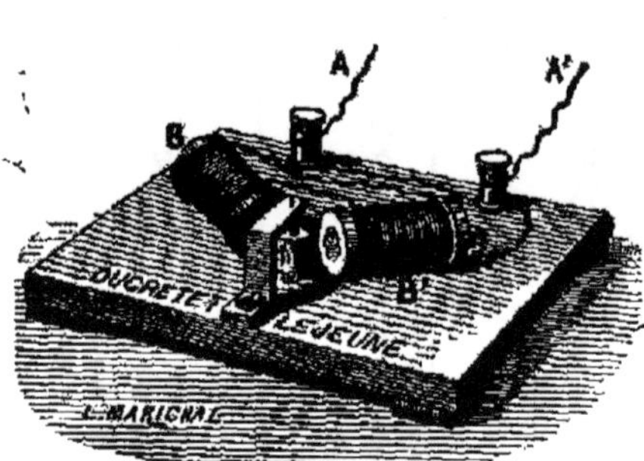

Fig. 153. — Production d'un
champ tournant.

sur un noyau de fils de
fer; le circuit primaire
reçoit en AA′ un cou-
rant alternatif qui, par
induction, produit un
autre courant alterna-
tif circulant dans la
bobine B. Mais, par
suite de la self-induc-
tion des bobines, il se
produit un décalage d'environ un quart de période et
en M un champ tournant prend naissance. En ce point
se trouve un petit cylindre métallique mobile autour
de son axe; ce cylindre se met à tourner rapidement
dès que le champ est produit.

Si, au lieu de considérer seulement deux bobines,
on en prend trois faisant entre elles des angles de
120°, et si on lance dans ces bobines un courant tri-

phasé, il y aura également production d'un champ tournant dont la direction fera un tour par période

L'appareil représenté par la figure 154 permet de montrer la présence de ce champ tournant. L'anneau *a* comprend trois circuits et trois prises de courant

Fig. 154. — Production d'un champ tournant par courant triphasé.

ABC qui reçoivent le courant triphasé; au centre se trouve un pivot sur lequel on peut placer des disques métalliques MM' qui se mettent à tourner sous l'action du champ créé par le courant triphasé.

On voit qu'avec les courants polyphasés on peut réaliser des moteurs à courants alternatifs sans collecteurs ni balais; il suffit que le circuit induit soit fermé sur lui-même.

133. *Canalisation des courants polyphasés.* — Un courant diphasé peut être produit par deux alternateurs dont les phases seront différentes d'un quart de période, puisqu'il est constitué de deux courants alternatifs décalés d'un quart de période. Ce courant pourra donc être canalisé au moyen de deux lignes distinctes

1 et 2, composées de quatre fils attachés aux bornes ABCD de deux alternateurs.

Si les deux courants avaient mêmes phases, les potentiels en A et B ainsi qu'en C et D seraient identiques aux mêmes instants ; mais, comme les courants sont décalés d'un quart de période, ces potentiels diffèrent d'un quart de phase. Pour simplifier, on peut réunir en un seul les

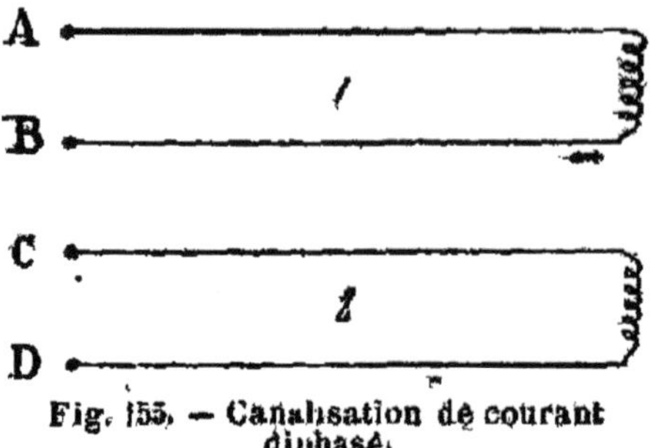

Fig. 155. — Canalisation de courant diphasé.

deux fils B et D qui servent de retour : on obtient alors une ligne à trois fils ; en un moment quelconque ce conducteur recevra un courant d'intensité égale à la somme des intensités existant dans les deux autres conducteurs ; il devra donc être d'une section plus considérable.

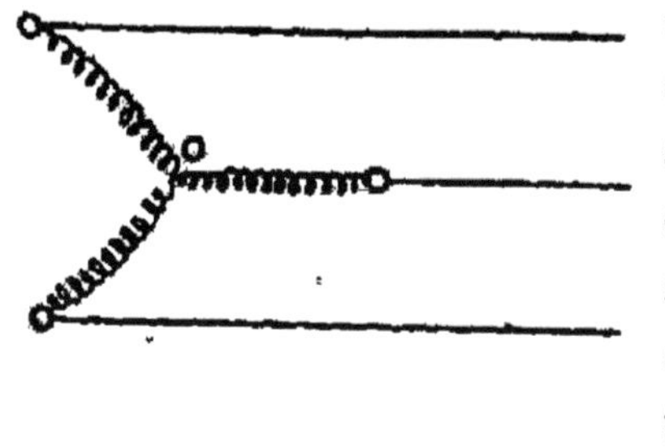

Un courant triphasé peut être considéré comme engendré par trois alternateurs, dont les circuits induits pourraient être groupés de trois fa-

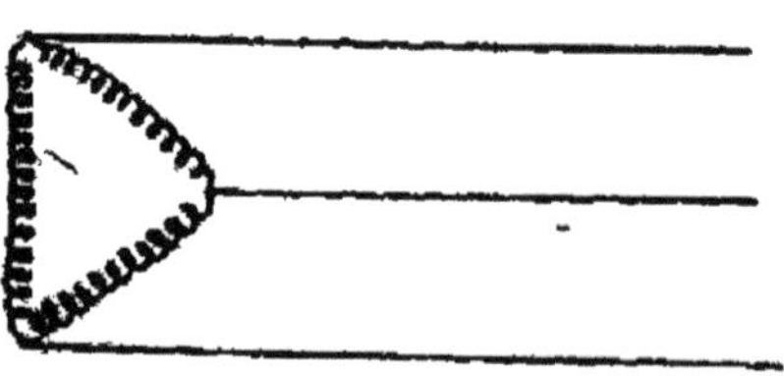

Fig. 156. — Montage en triangle.

çons différentes, et les prises de courant se faisant dans les deux cas au moyen de trois fils. La figure 156 représente le montage *en étoile* en haut et en bas montage *en triangle.*

A chaque instant la somme des trois courants étant nulle, ainsi que le montre la courbe, il en résulte que les trois fils conducteurs peuvent avoir la même section.

134. *Générateurs de courants polyphasés.* — Si on accouple deux alternateurs absolument identiques, de telle manière que leurs phases soient décalées de 1/4

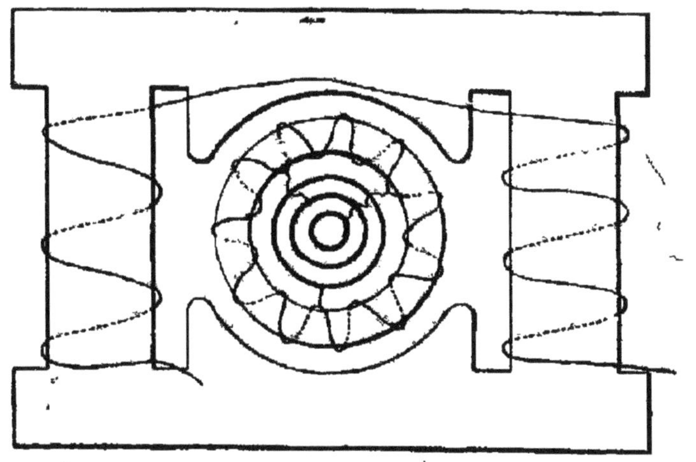

Fig. 157. — Schéma d'une machine à courant triphasé.

de période l'une par rapport à l'autre, on obtiendra un générateur de courants diphasés; de même, si on accouple 3 alternateurs dont les phases sont décalées de 1/3 de période, on obtiendra un générateur à courants triphasés.

Les dispositions précédentes ne sont pas très pratiques; on préfère employer des machines spéciales, possédant un seul inducteur, et dans lesquelles les deux ou trois circuits induits sont enroulés sur le même noyau, ces circuits étant disposés pour donner des courants alternatifs décalés de 1/4 ou 1/3 de période. La machine la plus élémentaire consiste en une dynamo Gramme ordinaire à courant continu, dans

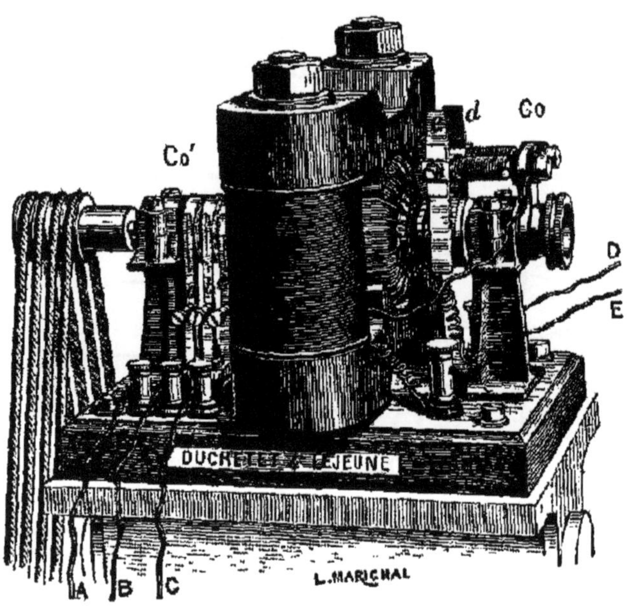

Fig. 158. — Machine Gramme montée pour produire des courants triphasés.

laquelle on prend trois contacts sur l'anneau en des points distants de 120° l'un de l'autre pour les courants triphasés. Chacun de ces points est mis en communication avec une bague calée sur l'arbre : on recueille le courant sur ces bagues au moyen de balais. On peut considérer l'anneau comme formé de 3 bobines montées en triangle, chaque bobine étant le siège d'un courant alternatif.

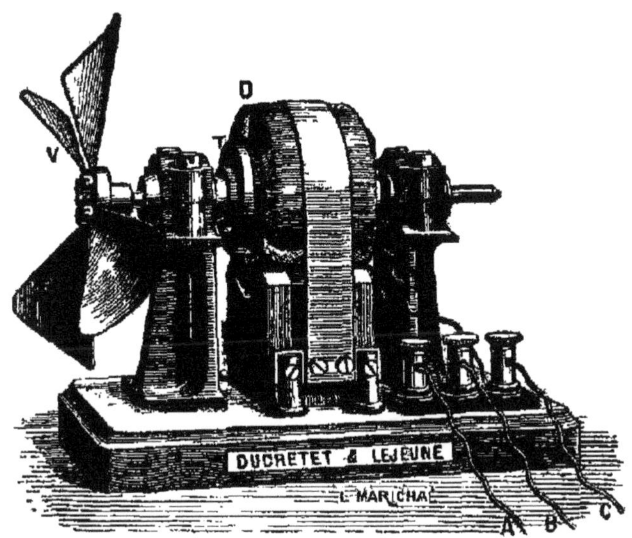

Fig. 158. — Moteur a courants triphasés.

Les inducteurs sont excités par un courant continu produit par une excitatrice indépendante, ou simplement par le courant ordinaire de la machine recueilli sur le collecteur.

La figure 157 fait voir la disposition schématique d'une telle machine, et les fig. 159 et 160 un modèle de démonstration construit par la maison Ducretet et Lejeune, à Paris. Du côté opposé au collecteur sont

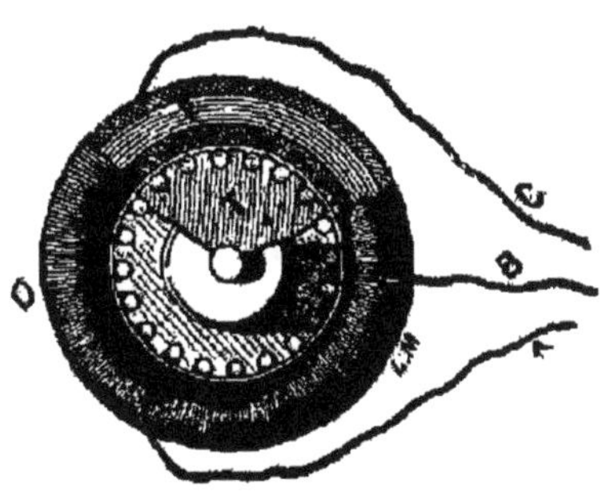

Fig. 160

fixées des bagues sur lesquelles les balais *abc* viennent

prendre le courant triphasé. La figure 160 montre les trois prises de courant ABC faites sur l'armature D.

La machine Brown à courants triphasés est constituée par un induit fixe et un inducteur mobile. L'in-

Fig. 161. — Machine Brown a courants triphasés.

ducteur est formé par un disque denté sur lequel est enroulée une bobine disposée de telle sorte que les dents successives soient des pôles de noms contraires. Les dents et, par conséquent, les pôles sont au nom-

bre de 32. L'excitation de cet inducteur est faite par
une petite machine indépendante. L'induit, dans l'intérieur duquel tourne l'inducteur, est constitué par un
anneau en fer doux dans lequel passent 96 barres de
cuivre qui, réunies entre elles 3 à 3, forment les trois
circuits induits, chaque circuit comportant 32 barres.
Une des extrémités de chacun de ces circuits est fixée
à une borne servant de départ à l'un des fils de l'autre ; les trois autres extrémités sont réunies entre elles
et à la terre : on a donc un groupement en étoile.

La figure 161 fait voir l'ensemble d'une de ces dynamos, dont une partie de l'induit a été enlevée.

Les transformateurs à courants triphasés sont identiques aux transformateurs à courants alternatifs ; ils
sont seulement composés de trois bobines à deux enroulements. La figure 144 représente un de ces appareils construit par les ateliers d'Oerlikon d'après les
indications de M. Brown, autrefois ingénieur de ces
ateliers.

Les deux enroulements sont superposés, le gros fil
qui reçoit le courant primaire étant à l'extérieur. Ces
appareils ont un rapport de transformation de 160. Si
donc on fournit 50 volts au primaire, on obtient 8000
volts dans le secondaire. Ces appareils sont plongés
dans une cuve contenant de l'huile lourde de pétrole
de façon à ce qu'ils soient isolés complètement, car ils
sont destinés à donner dans le secondaire des tensions
allant jusqu'à 25000 volts.

TROISIÈME PARTIE

Electro-chimie

CHAPITRE X

PILES HYDRO-ÉLECTRIQUES

135. *Théorie des piles.* — Lorsqu'on plonge dans de l'eau acidulée une lame de zinc et une lame de charbon ou de platine et qu'on réunit ces deux corps par un fil conducteur de l'électricité, on constate la présence d'un courant électrique dans ce fil. Ce courant est dû à l'action chimique qui se produit entre les divers éléments mis en présence. Le zinc se combine avec l'oxygène de l'eau pour former de l'oxyde de zinc qui avec l'acide sulfurique contenu dans le liquide formé du sulfate de zinc; l'hydrogène de l'eau resté libre vient se dégager sur la lame de platine. L'hydrogène qui est devenu libre ayant été maintenu précédemment en combinaison avec l'oxygène par une force appelée affinité, il a donc fallu une force égale et opposée pour détruire cette combinaison, et l'action produite par cette force n'est neutralisée par aucune autre force dès qu'il n'y a plus combinaison de l'oxygène et de l'hydrogène. Mais, par suite du principe de la conservation de l'énergie, il faut qu'elle agisse et produise un travail : elle se transforme en une autre force appelée force électromotrice qui produit alors le courant électrique.

Tout étant en équilibre avant cette réaction, il a fallu, pour mettre en liberté cette force, qu'elle fût remplacée par une force égale; par conséquent, la combinaison du zinc, de l'oxygène et de l'acide sulfurique a été produite par un travail égal à celui qui produit la décomposition de l'eau en oxygène et hydrogène. Le temps pendant lequel se produit la réaction étant le même que celui pendant lequel le courant est produit, l'énergie nécessaire au maintien de ce courant est égale à l'énergie fournie par les réactions chimiques qui s'opèrent, c'est-à-dire par la chaleur de combinaison du zinc avec l'eau acidulée. Si n est le nombre d'équivalents de zinc dissous dans la réaction et W_c la chaleur dégagée par la dissolution d'un de ces équivalents, la chaleur totale dégagée est $n W_c$ calories. Or, une calorie vaut 4,2 joules; l'énergie sera donc de $n W_c$. 4,2 joules, le joule étant l'énergie d'un courant d'un ampère, sous une tension d'un volt, pendant une seconde. Donc

$$n W_c \, 4,2. = EIT.$$

Or, nous verrons (139) qu'il faut 96 293 coulombs (IT) pour libérer un équivalent de zinc et, dans le cas actuel, un équivalent de zinc se substitue à deux équivalents d'hydrogène; on aura donc

$$IT = 96293 \times n.$$

D'où l'on tire, en substituant,

$$E = \frac{W_c \times 4,2}{96293} = \frac{W_c}{22926}$$

Or $W_c = 18865$ calories; d'où $E = 0,82$ volt.

La force électromotrice produite par cette réaction sera donc de 0,82 volt.

L'hydrogène qui est venu se dégager sur la lame y adhère en partie, et, comme les gaz sont mauvais conducteurs de l'électricité, il opposera une résistance au passage du courant; en outre, par suite de son affinité pour l'oxygène, il tendra à se combiner avec lui et produira une force électromotrice opposée à celle de la pile. Il en résultera un ralentissement dans la production du courant électrique pour ces deux raisons; on dit alors que la pile est *polarisée*.

On remédie de différentes manières à la polarisation des piles : on peut agiter le liquide pour faciliter le dégagement d'hydrogène; mais il est préférable de mettre en présence de l'hydrogène un corps avec lequel il puisse se combiner facilement; ce corps est appelé *dépolarisant*.

Le liquide excitateur et le dépolarisant sont généralement séparés par une matière poreuse inerte.

136. *Description des principales piles.* — La pile la plus élémentaire est la pile de Volta; elle est constituée par des plaques de cuivre et de zinc séparées par des rondelles de drap imbibé d'eau acidulée. Cette pile n'est employée que comme appareil de démonstration, et elle a le défaut de se polariser très rapidement.

La pile de Smée est une modification de la précédente : le cuivre y est remplacé par du platine platiné, c'est-à-dire du platine recouvert d'une couche de platine pulvérulent ; la surface de l'électrode conductrice est ainsi considérablement augmentée ; la polarisation est donc moins rapide.

La pile Maiche (fig. 162) est également à un seul liquide ; la dépolarisation se fait au moyen de l'eau. A la partie supérieure du vase de la pile se trouve un récipient en terre poreuse percé de trous et contenant des fragments de charbon platiné, le noir de platine ayant la propriété d'absorber de grandes quantités d'hydrogène. Au-dessous de ce vase poreux est une capsule de porcelaine contenant du mercure et du zinc. Le tout est plongé dans de l'eau acidulée qui ne doit pas

Fig. 162. — Pile Maiche.

dépasser le tiers du vase poreux. Des fils de platine établissent la communication avec le zinc et avec le charbon. L'eau acidulée peut être remplacée avantageusement par une solution de chlorhydrate d'ammoniaque ; il se forme alors du chlorure de zinc au lieu de sulfate.

La pile de Daniell comporte deux liquides séparés : de l'eau acidulée dans laquelle plonge le zinc et une dissolution de sulfate de cuivre recevant une lame de cuivre. L'eau acidulée est décomposée; il se forme du sulfate de zinc; l'hydrogène mis en liberté vient s'u-nir à l'oxygène de l'oxyde de cuivre du sulfate de cuivre; le cuivre mis en liberté vient se déposer sur la lame de cuivre qui forme l'électrode positive.

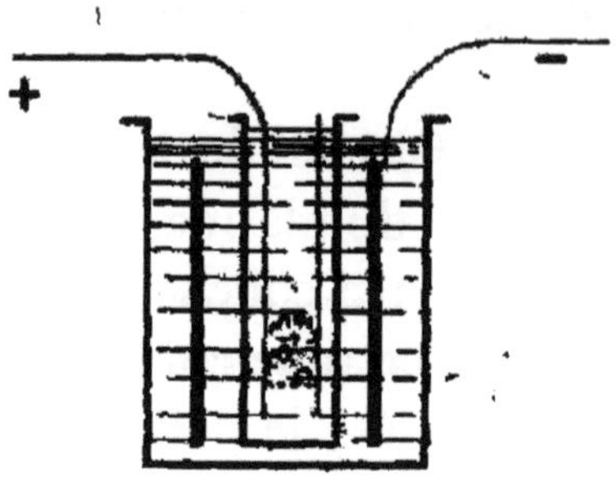

Fig. 163.— Pile Daniell.

Le modèle de cette pile le plus ordinaire est celui représenté par la figure 163. Le vase de la pile contient un cylindre de zinc amalgamé à l'intérieur duquel on place le vase poreux; dans celui-ci est un petit cylindre de cuivre dans lequel on met des cristaux de sulfate de cuivre afin de maintenir la solution à l'état de saturation. Le vase extérieur contient de l'eau acidulée et le vase poreux une dissolution de sulfate de cuivre.

On peut maintenir cette solution saturée en plaçant dans le vase poreux le col d'un bal-lon renversé contenant des cristaux de sulfate de cuivre et rempli d'eau (fig.164); ce ballon est fermé par

Fig. 164. — Pile Daniell a ballon.

un bouchon traversé d'un tube : par suite de sa densité, la solution saturée tend toujours à s'écouler et à se substituer à la solution appauvrie du vase poreux.

Dans la pile Callaud (fig. 165) le vase poreux est supprimé; les deux liquides sont séparés par leur différence de densité. Le zinc est accroché à la partie supérieure du vase; au fond de celui-ci est un ruban de

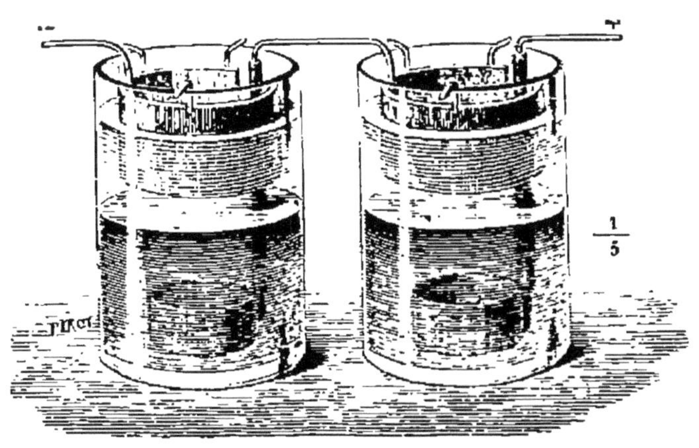

Fig. 165. — Pile Callaud.

cuivre enroulé en spirale et qui est plongé dans une dissolution de sulfate de cuivre au-dessus de laquelle se trouve une solution faible de sulfate de zinc. Le fil communiquant avec le cuivre est entouré d'une gaine de gutta-percha pour ne pas être en contact avec la solution de sulfate de zinc.

M. Trouvé a modifié cette pile en remplaçant la lame de cuivre par un simple fil de cuivre enroulé en spi-

rale et dont l'extrémité passe dans un tube de verre,
ainsi que le représente la figure 166.

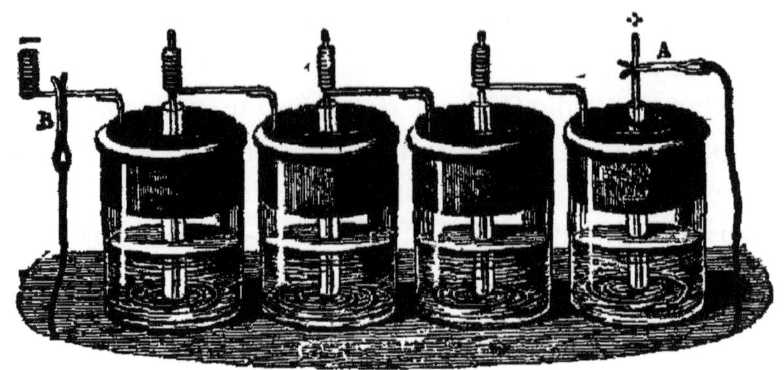

Fig. 166. — Pile Trouvé.

La pile Meidinger est identique comme principe ; la
forme seule diffère. Elle est représentée par la fig. 167.

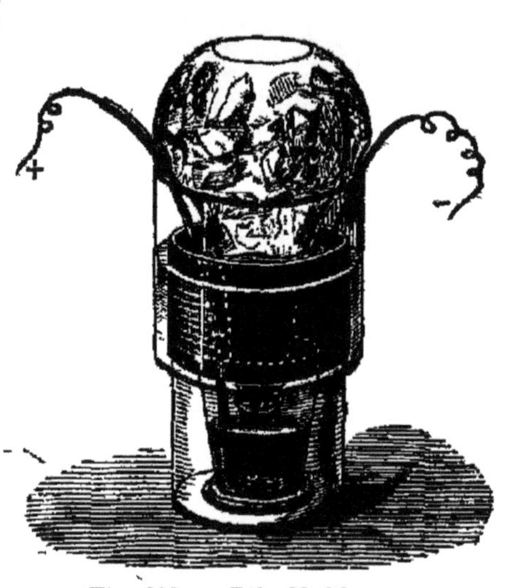

Fig. 167. — Pile Meidinger.

Dans le fond du vase
extérieur se trouve un
petit gobelet contenant
le fil de cuivre enroulé
en spirale, et dans ce
gobelet vient se placer
le col d'un ballon con-
tenant le sulfate de cui-
vre comme dans la pile
à ballon. Le vase exté-
rieur présente un re-
bord sur lequel repose
le cylindre de zinc.
Cette pile est très em-
ployée en Allemagne et en Autriche.

La pile de sir W. Thomson est formée d'une cuvette

en bois doublée de plomb et contenant une feuille de cuivre. Le zinc, en forme de grillage, est soutenu par de petites cales en bois; l'élément est rempli d'une solution de sulfate de zinc, et au fond de la cuvette on place des cristaux de sulfate de cuivre. Les éléments peuvent se superposer, le zinc de l'un servant de support à l'autre élément. Cette pile, offrant peu de résistance intérieure, est commode pour les essais de laboratoire.

La pile de Grove contient de l'acide nitrique comme dépolarisant, l'électrode positive est formée d'une lame de platine. L'hydrogène mis en liberté vient réduire l'acide azotique en bioxyde d'azote lequel, au contact de l'air, se transforme en acide hypoazotique; il y a également production d'acide azoteux et d'ammoniaque.

L'élément a généralement une forme rectangulaire (fig. 168); le vase extérieur est en ébonite; le zinc Z re-

Pile 168. — Pile Grove.

plié en forme d'U contient le vase poreux dans lequel plonge la lame de platine P.

Dans la pile Marié-Davy, le dépolarisant est du sulfate de mercure. Le vase poreux contient une pâte liquide de ce sel; l'électrode positive est formée d'un morceau de charbon de cornue C (fig. 169). L'hydrogène mis en liberté décompose ce sel et le mercure se dépose dans le vase poreux.

La pile Bunsen comporte également comme électrode positive du charbon de cornue; le dépolarisant est de l'acide azotique comme dans la pile de Grove.

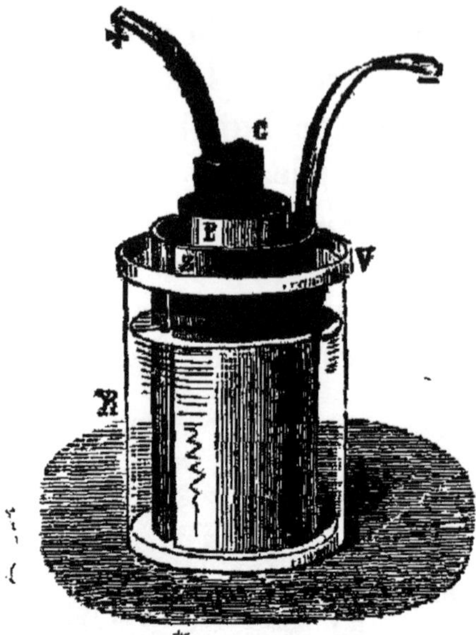

Fig. 169. — Pile Marie Davy.

Le vase extérieur de ces piles est généralement en grès. Dans ces éléments, la force électromotrice est assez grande et la résistance intérieure faible; ils permettent donc d'obtenir un courant énergique pendant plusieurs heures.

La pile au chlorure d'argent de Warren de la Rue est à un seul liquide (fig. 170). L'électrode négative est formée par une baguette de zinc Z plongeant dans une dissolution de chlorhydrate d'ammoniaque; l'électrode positive est constituée par un ruban d'argent entouré de chlorure d'argent fondu, le tout enfermé dans une enveloppe de parchemin A formant vase poreux. Le vase extérieur est simplement un tube de verre fermé par un bouchon de paraffine. La réaction chimique qui se produit est la suivante : le zinc se combine avec le chlore du chlorhydrate d'ammoniaque pour former du chlorure de zinc; il se dégage de l'hydrogène qui réduit le chlorure d'argent, et l'argent se précipite à l'état spongieux.

Dans la pile Leclanché, qui est certainement une

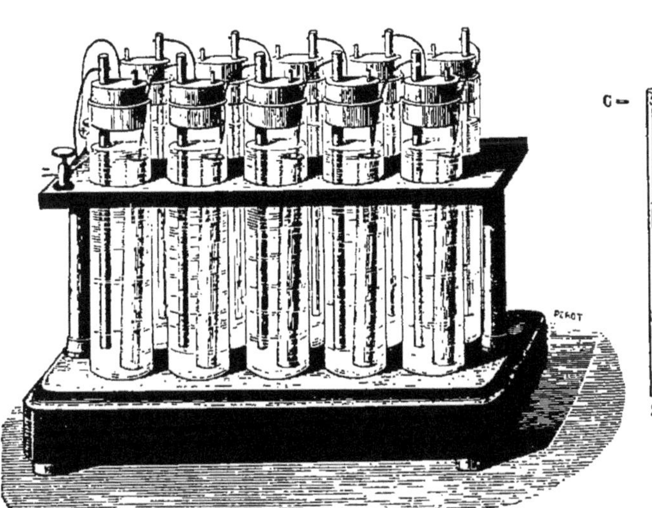

Fig. 170. — Pile Warren de la Rue.

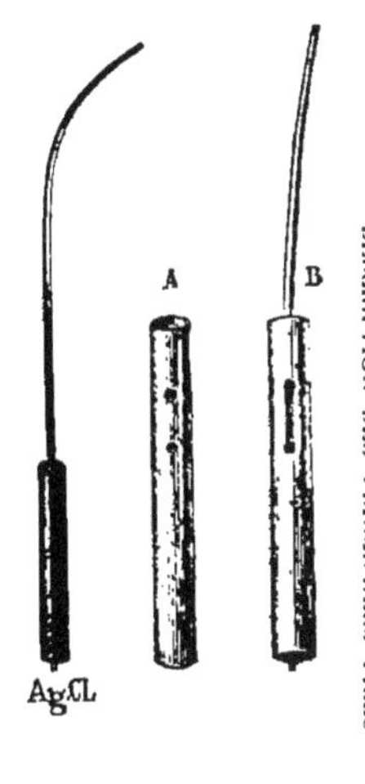

des plus répandues en France, le dépolarisant est formé par du peroxyde de manganèse. La figure 171 représente un de ces éléments. Le vase poreux est

Fig. 171. — Pile Leclanché.

rempli d'un mélange de peroxyde de manganèse et de charbon dans l'intérieur duquel se trouve uu prisme de charbon de cornue formant électrode positive. Le liquide excitateur est une solution de chlorhydrate d'ammoniaque. L'électrode négative est constituée par un cylindre de zinc amalgamé.

Dans un autre modèle, le vase poreux est supprimé et le charbon placé entre deux plaques de bioxyde de manganèse mélangé de charbon et aggloméré au moyen de gomme-laque; le tout est maintenu au moyen de bandes de caoutchouc.

Cette pile a une résistance intérieure bien moindre que la précédente; en outre, le remplacement du bioxyde de manganèse est facile quand il est transformé en sesquioxyde.

On peut également employer le bichromate de potasse comme dépolarisant; l'élément est alors monté comme une pile Bunsen, sauf que l'acide azotique est remplacé par une dissolution de 12 parties de bichromate de potasse dans 100 parties d'eau contenant 25 0/0 d'acide sulfurique.

Cette pile a été simplifiée par la suppression du vase

poreux et l'immersion directe des deux électrodes dans la solution de bichromate.

On constitue ainsi la pile Grenet ou pile bouteille représentée figure 172.
L'électrode positive est formée de deux lames de charbon, et l'électrode négative d'une lame de zinc montée sur une tige permettant de la retirer du liquide quand on ne veut pas faire fonctionner la pile.

Nous donnons ci-après un tableau de la constitution des principales piles hy-

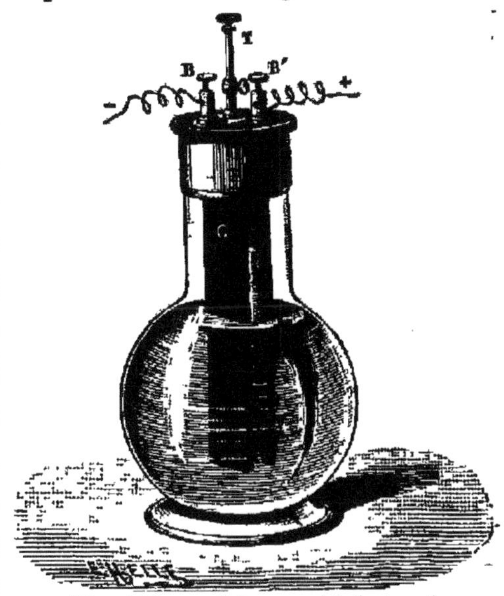

Fig. 172. — Pile au bichromate de potasse.

dro-électriques. Ce tableau est emprunté au cours professé par M. Monnier à l'Ecole centrale des Arts et Manufactures.

137. — Tableau de la constitution des principales piles hydro-électriques.

NOMS	ÉLECTRODE NÉGATIVE	LIQUIDE EXCITATEUR	DIAPHRAGME	ÉLECTRODE POSITIVE	DÉPOLARISANT	Force électromotrice en Volts	
						calculée	observée
Smée	Zinc amalgamé	1 Acide sulfurique, 7 eau	Pile à un seul liquide	Platine platiné	Air	0,82	0,5 à 1,1
Maiche	id.	Solution de chlorhydrate d'ammoniaque	id.	Charbon platiné	Air	1,16	1,15
Pile Suisse	Zinc	Solution saturée de sel marin	id.	Charbon	Air	1,03	1,00
Daniell	Zinc amalgamé	1 acide sulfurique, 7 1/2 eau	Vase poreux	Cuivre	Sulfate de cuivre	1,09	1,07
Marié Davy	id.	1 acide sulfurique, 20 eau	id.	Charbon	Sulfate de mercure	»	1,52
Reynier	Zinc	30 soude caustique, 70 eau	Papier parcheminé	Civre	Sulfate de cuivre	1,39	1,35
Grove	Zinc amalgamé	1 acide sulfurique, 7 1/2 eau	Vase poreux	Platine	Acide azotique fumant	2,09	1,96
Bunsen	id.	1 acide sulfurique, 20 eau	id.	Charbon	Acide azotique (densité 1,35)	1,80	1,73
d'Arsonval	id.	1 acide sulfurique, 1 acide chlorhydrique, 20 eau	id.	id.	1 acide azotique, 1 acide chlorhydrique, 2 eau acidulée sulfurique à 5 0/0)	2,23	2,20
Lacombe	id.	1 acide sulfurique, 20 eau	id.	id.	Solution de chlorate de potasse dans acide sulfurique	2,42	2,15
Poggendorff	id.	id.	id.	id.	100 bichromate de potasse, 50 acide sulfurique, 1000 eau	2,18	1,55
d'Arsonval	id.	Eau	id.	id.	1 vol. sol. sat. à froid de bichro. de potasse, 1 vol. acide chlorhydrique ordinaire	»	2,05
Leclanché	id.	Solution de chlorhydrate d'ammoniaque	id. ou rien	id.	Bioxyde de manganèse	»	1,47
Lalande et Chapron	Zinc	30 Potasse caustique, 70 eau	Pas de diaphragme	Fer	Bioxyde de cuivre	1,05	0,85
Varren de la Rue	id.	25 chlorydrate d'ammoniaque, 1000 eau	Papier parcheminé	Argent	Chlorure d'argent fondu	1,09	1,06
Niaudet	id.	Solution de sel marin	Vase poreux	Charbon	Hypochlorite de chaux	»	1,65
Skrivanow	id.	75 potasse caustique, 25 eau	Papier parcheminé	Argent	Chlorure d'argent précipité	1,47	1,45

CHAPITRE XI

ELECTROLYSE. — GALVANOPLASTIE

138. *Décompositions électro-chimiques*. — Lorsque l'on fait passer un courant électrique dans une dissolution d'un corps composé, il y a décomposition de ce corps : un des éléments est transporté à l'un des pôles et l'autre au pôle opposé. Ce phénomène a été appelé *électrolyse*. La substance soumise à l'électrolyse se nomme *électrolyte*. Les pôles qui amènent le courant sont les électrodes. La *cathode* est l'électrode par laquelle sort le courant; elle communique donc avec le pôle négatif du générateur d'électricité. L'électrode opposée est l'*anode*.

Toute décomposition chimique est accompagnée d'une absorption de chaleur; cette chaleur est fournie par le travail des forces électriques; c'est une des formes de la conservation de l'énergie.

Les décompositions par l'électrolyse suivent certaines lois découvertes par Faraday :

1° *La puissance chimique d'un courant est la même dans toutes ses parties.*

2° *Le poids de matière décomposée est proportion-*

nel à la quantité d'électricité qui traverse cette matière.

3° Les poids des différents électrolytes décomposés par un même courant sont proportionnels aux équivalents chimiques des éléments.

139. *Équivalents électro-chimiques.* — L'équivalent électro-chimique d'un corps est le poids de ce corps libéré par un courant de 1 ampère pendant 1 seconde, c'est-à-dire par 1 coulomb. Les équivalents électro-chimiques sont proportionnels aux équivalents chimiques.

Un coulomb d'électricité libère 0,010384 milligr. d'hydrogène, c'est-à-dire l'équivalent électro-chimique de ce corps. L'équivalent chimique de l'hydrogène étant 1, on obtiendra l'équivalent électro-chimique d'un autre corps en multipliant 0,010384 milligr. par l'équivalent chimique de ce corps.

On voit d'après ce qui précède qu'il faudra 96293 coulombs pour libérer 1 g d'hydrogène; il faudra également 96293 coulombs pour libérer un poids équivalent d'un autre corps.

On calculera comme nous l'avons fait (135) la force électromotrice nécessaire pour décomposer un électrolyte.

140. *Galvanoplastie.* — La première application de l'électrolyse a été la galvanoplastie, qui consiste soit à reproduire en métal un modèle dont on possède le moule, soit à recouvrir des objets d'une couche métallique. Ces opérations sont basées sur la décomposition d'un sel métallique et le dépôt du métal sur la cathode par l'électrolyse.

Pour reproduire un modèle, on commence par en prendre le moule en creux, au moyen de gutta-percha ou de gélatine mélangée de cire. On enduit ce moule de plombagine afin de le rendre conducteur de l'électricité, puis on l'attache au moyen d'un fil conducteur et on s'en sert comme cathode dans une solution acide de sulfate de cuivre; l'anode est formée d'une plaque de cuivre offrant sensiblement la même surface que le moule afin que le dépôt se fasse régulièrement.

Pour obtenir un dépôt régulier et non granuleux, il faut prendre certaines précautions : l'intensité du courant ne doit pas être trop grande, car on obtient un dépôt formé de gros cristaux de cuivre et l'empreinte n'a plus de finesse si les deux électrodes sont trop rapprochées et si le moule a de fortes saillies. Ce dépôt commence à la surface de celles-ci, il est très irrégulier; on y remédie en éloignant les électrodes. Beaucoup d'autres précautions de détail doivent être prises, mais il serait trop long de nous y étendre.

Lorsqu'on veut recouvrir un objet métallique d'une couche d'un autre métal, soit pour le protéger contre l'oxydation, soit pour lui donner un autre aspect, on procède comme pour la galvanoplastie, en se servant de l'objet comme cathode; mais, pour que le dépôt soit parfaitement adhérent, les surfaces doivent être très propres. A cet effet, on dégraisse et on décape les pièces avant de les plonger dans le bain. Les principales opérations que l'on ait à faire sont : le cuivrage, l'étamage, le nickelage, l'argenture, la dorure, le platinage.

141. *Cuivrage.* — L'électrolyte est formé d'une solution acide de sulfate de cuivre. On obtient cette solution en faisant.dissoudre du sulfate de cuivre dans de l'eau acidulée à raison de 10 0/0 d'acide sulfurique (en volume). La solution ne doit pas être saturée complètement, elle doit marquer 15° Baumé; on la maintient à ce titre au fur et à mesure de son épuisement, en y ajoutant des cristaux de sulfate de cuivre. Pour obtenir un dépôt convenable, il ne faut pas faire passer plus de 2,6 ampères par décimètre carré de l'objet en cuivre, et les deux électrodes doivent être écartées d'au moins 15 centimètres. Ce bain n'est pas applicable aux objets en métal attaquable par l'acide sulfurique.

Pour cuivrer le zinc, on peut employer un bain ainsi composé :

Eau	25	litres
Bisulfite de soude . .	100	grammes
Cyanure de potassium.	700	—
Acétate de cuivre . .	450	—
Ammoniaque . . .	150	—

Le bain peut encore être formé par la dissolution de 250 grammes de sulfate de cuivre dans 1 litre d'eau chaude; on laisse refroidir et on ajoute de l'ammoniaque jusqu'à ce que l'on obtienne un liquide bleu bien clair. On verse alors une dissolution concentrée de cyanure de potassium jusqu'à décoloration complète.

On peut cuivrer le fer et la fonte par plusieurs procédés parmi lesquels nous signalérons le procédé Oudry et le procédé Gauduin modifié par M. Cadiat.

Le procédé Oudry consiste à enduire les pièces en cuivre d'une peinture formée d'huile chaude et de poudre de cuivre, et à faire ensuite le dépôt galvanique par-dessus cette peinture.

Dans le procédé Gauduin modifié par M. Cadiat, le dépôt de cuivre est adhérent au fer et à la fonte. Le bain constituant l'électrolyte se prépare de la manière suivante : On précipite une dissolution de sulfate de cuivre par le carbonate de soude, on lave avec soin le précipité pour enlever l'acide, on le traite alors par une dissolution d'acide oxalique et on ajoute de l'ammoniaque jusqu'à ce que le précipité soit dissous complètement et que la liqueur ait pris une belle couleur bleue ; on a obtenu ainsi un oxalate double de cuivre et d'ammoniaque.

142. *Étamage.* — Le bain employé pour l'étamage est formé par une dissolution de 5 kg de pyro-phosphate de soude dans 500 litres d'eau dans laquelle on a fait dissoudre 500 grammes de protochlorure d'étain fondu.

On peut obtenir un autre bain, d'après M. Birgham, en précipitant par la potasse une dissolution d'étain dans l'acide chlorhydrique. Ce précipité est mélangé avec une dissolution de cyanure de potassium et de potasse caustique. L'anode employée dans les deux cas est en étain.

143. *Nickelage.* — Le nickelage se fait au moyen d'un bain formé d'une solution à 10 0/0 de sulfate double de nickel et d'ammoniaque; la solution est faite à chaud et filtrée après refroidissement. Il faut éviter que le bain soit alcalin, ce qui arrive par suite de la précipitation du nickel. On y remédie en ajoutant de l'acide citrique, jusqu'à ce qu'il soit redevenu neutre. Dans ce bain on emploie une anode en nickel pur. On règle le courant de manière à ne laisser passer que 0,5 ampère par décimètre carré de surface de l'objet en nickelage.

On peut nickeler directement le fer; mais il est préférable de le cuivrer préalablement; on obtient ainsi un dépôt plus adhérent. Quant au zinc, il faut toujours le recouvrir d'une couche de cuivre, sinon il se dissout dans le bain de nickelage.

Les objets en nickel ne doivent pas être placés dans le bain avant qu'on ait fermé le circuit du courant; si on omettait cette précaution, ils seraient attaqués par le bain, et l'adhérence serait mauvaise.

Comme le bain s'appauvrit plus en certains points que dans d'autres, il est bon de l'agiter souvent pour obtenir un dépôt régulier.

144. *Dorure.* — La dorure se fait soit à froid, soit à chaud. La dorure à froid est employée pour les gros objets et la dorure à chaud pour les petits. Les bains d'or sont formés de cyanure double d'or et de potassium.

Pour la dorure à froid, on opère de la manière suivante. On dissout de l'or vierge dans de l'eau régale pure et on évapore jusqu'à consistance sirupeuse. On dissout 100 grammes de ce chlorure d'or dans deux litres d'eau distillée et on mélange le liquide à une solution de 200 grammes de cyanure de potassium dans 8 litres d'eau, puis on fait bouillir pendant une demi-heure.

On emploie ce bain à la température ordinaire.

Pour la dorure à chaud de l'argent et du cuivre on dissout 600 grammes de phosphate de soude cristallisé dans 8 litres d'eau, puis 10 g de chlorure d'or préparé comme précédemment dans 1 litre d'eau; on mélange ces deux solutions. On dissout d'un autre côté 10 g de cyanure de potassium et 100 g de bisulfite de soude dans 1 litre d'eau et l'on ajoute ce mélange au précédent. On emploie ce bain à la température de 50 à 80°. L'anode est formée d'une lame de platine; le courant employé doit être de 0,1 ampère par décimètre carré et il faut agiter le liquide pendant toute l'opération, qui ne dure que quelques instants, pour obtenir un dépôt satisfaisant, un coulomb déposant 0,000679 g d'or.

145. *Argenture.* — Les bains employés pour l'argenture sont formés d'un cyanure double d'argent et de potassium. On commence par préparer du cyanure d'argent; pour cela on traite 250 g d'argent vierge par 500 g d'acide azotique à 40° B.; on évapore jusqu'à ce que l'on obtienne de l'azotate d'argent fondu, que l'on redissout dans de l'eau distillée. On traite cette solution par l'acide cyanhydrique; il se précipite du cyanure d'argent qu'on lave avec soin. On dissout alors ce cyanure dans 10 litres d'eau, en ajoutant du cyanure de potassium. L'anode est formée d'une lame d'argent pur; le bain doit être agité pendant l'opération. Le courant à employer est de 0,5 ampère par décimètre carré.

On peut argenter directement les objets en cuivre ou en laiton; les autres métaux doivent être cuivrés au préalable.

146. *Platinage.* — On prépare le bain de la manière suivante. On dissout dans l'eau régale 10 g de platine, on évapore à siccité et on dissout le chlorure obtenu dans 500 g d'eau distillée; on mélange ce liquide à une solution de 100 g de phosphate d'ammoniaque dans 500 g d'eau. On obtient un abondant précipité. On ajoute peu à peu une solution de 500 g de phosphate de soude dans 1 litre d'eau. On fait bouillir en remplaçant l'eau évaporée jusqu'à ce que la dissolution soit devenue incolore. On emploie ce bain à chaud et avec un courant intense.

147. *Force électromotrice nécessaire pour produire l'électrolyse.* — Pour produire l'électrolyse d'une solution saline, il faut que la force électromotrice du courant employé soit supérieure à la force électromotrice qui a engendré la combinaison du corps constituant l'électrolyte; cette force électromotrice peut être calculée comme nous l'avons vu (135). Cette force est

$$E = \frac{W_c}{23000},$$ W_c étant la chaleur de combinaison de l'électrode soluble. En outre, cette force électromotrice

devra être capable de vaincre la résistance des conducteurs reliant le bain aux générateurs d'électricité, la résistance du liquide électrolytique et les résistances accessoires qui peuvent se développer dans la cuve par suite du passage du courant.

La puissance à dépenser dépendra de cette force électromotrice et de la quantité de matière que l'on veut déposer; il sera facile de la calculer au moyen des équivalents électro-chimiques.

CHAPITRE XII

ACCUMULATEURS

148. *Générateurs secondaires*. — Lorsque l'on fait
passer un courant électrique dans une cuve électrolytique, il se produit une décomposition des substances
constituant l'électrolyte; mais si on arrête l'action du
courant électrique et que l'on réunisse les deux électrodes par un fil conducteur, ce fil sera le siège d'un
courant de sens opposé au courant qui a produit la
décomposition; il se dirigera extérieurement de l'anode
à la cathode. Ce courant, appelé *secondaire*, est produit par la recombinaison des éléments des électrolytes,
éléments qui avaient été séparés par le courant qui a
produit l'électrolyse. On peut donc dire que l'énergie
du courant d'électrolyse a été accumulée et qu'elle a
été transformée en travail électrique quand les éléments se sont combinés de nouveau.

Les appareils susceptibles d'emmagasiner l'énergie
électrique et de la restituer après un certain temps ont
été appelés *accumulateurs électriques* ou *générateurs
secondaires*. Les premières recherches sur ces appareils sont dues à M. Gaston Planté.

149. *Accumulateur Planté*. — M. Planté a employé
comme électrodes le plomb; son appareil est constitué

par deux feuilles de plomb enroulées en spirales parallèlement l'une à l'autre et séparées par deux bandes en
caoutchouc; chaque lame porte une languette de même

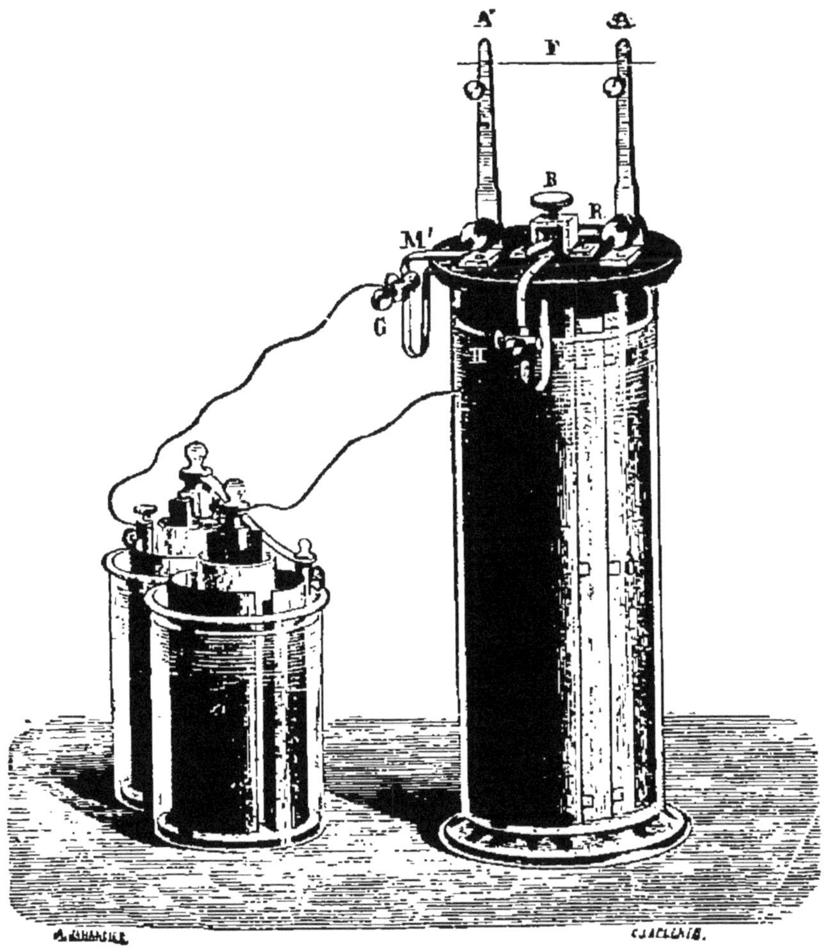

Fig. 173. — Accumulateur Planté.

métal G et H servant à établir la communication, soit
avec la pile destinée à charger l'appareil, soit avec
deux supports AA' soutenant un fil métallique F que le

13.

courant secondaire portera au rouge; une vis B permet d'établir ou d'interrompre la communication avec le fil.

Les lames de plomb sont plongées dans de l'eau acidulée à 10 0/0 d'acide sulfurique contenue dans un récipient en verre.

Quand on met cet appareil en communication avec la pile destinée à le charger, l'anode ou électrode positive se couvre d'une couche brune qui est de l'oxyde puce de plomb PbO^2 et il se dégage de l'hydrogène sur la cathode. Bientôt la couche brune d'oxyde de plomb qui recouvre l'anode s'oppose à la réaction et de l'oxygène se dégage à ce pôle positif. Si alors on interrompt la communication avec la pile et que l'on ferme le circuit de l'accumulateur sur un galvanomètre, on constate la présence d'un courant inverse du courant de charge, mais de faible durée. Pendant la décharge, le bioxyde de plomb se réduit, tandis que la lame de plomb négative s'oxyde légèrement.

Si après la charge on ne ferme pas le circuit de l'accumulateur, il se produit une action locale et l'oxyde de plomb de l'anode, en présence de l'acide sulfurique, forme du sulfate de plomb.

Si maintenant on fait passer un courant inverse du premier courant de charge dans l'accumulateur, la cathode qui sera devenue anode s'oxydera et se couvrira de bioxyde de plomb, tandis que l'hydrogène dégagé viendra réduire le bioxyde et le sulfate de plomb qui se trouvaient sur la cathode actuelle.

En répétant ces opérations plusieurs fois, on arrive à transformer complètement une des électrodes en peroxyde de plomb, l'autre en plomb spongieux; on peut alors constater que le courant de décharge a une durée beaucoup plus considérable que dans la première opération.

Cette opération est appelée *formation* de l'accumulateur ; elle est très longue et dure généralement plusieurs mois.

M. Planté a réussi à réduire cette période de formation en plongeant préalablement les lames de plomb pendant 24 ou 48 heures dans de l'acide azotique étendu de son volume d'eau ; la formation peut se faire alors en une huitaine de jours.

150. *Accumulateur Faure.* — M. Faure, dans le but de diminuer encore la durée de formation, a essayé de recouvrir de minium les plaques de plomb. A cet effet, il faisait une pâte avec du minium et de l'eau acidulée, il en recouvrait les deux faces de chaque plaque et enveloppait celle-ci dans une bande d'étoffe de laine destinée à maintenir le minium ; les deux plaques étaient ensuite montées comme celles de l'accumulateur Planté et plongées dans un vase contenant de l'eau acidulée à 10 0/0.

Pendant la charge, le minium Pb^3O^4 passe à l'état de bioxyde sur l'anode et il se réduit sur la cathode pour donner du plomb spongieux.

Cet appareil a l'inconvénient de présenter une grande résistance à cause de l'étoffe qui sépare les plaques ; en outre, les oxydes ne sont pas très adhérents aux plaques et le minium tombe facilement. Aussi, cet accumulateur est-il actuellement abandonné.

151. *Accumulateur Faure - Sellon - Volckmar.* — Dans l'accumulateur Faure-Sellon-Volckmar, on emploie des oxydes comme dans l'appareil précédent afin d'avoir une formation plus rapide. Primitivement, les plaques étaient formées de lames de plomb et percées de trous que l'on remplissait d'une pâte de minium. On a remplacé ces lames par de véritables grilles de plomb, les oxydes en remplissant les vides. La plaque n'est pas en plomb pur, mais constituée par un alliage de plomb et d'antimoine ; la grille est ainsi rendue plus rigide et bien moins attaquable par l'acide. L'anode est garnie avec un mélange de minium et de litharge, et la cathode avec de la litharge.

Pour garnir les plaques positives, on mélange aussi complètement que possible 900 g de minium en poudre avec 900 g de litharge et 90 g de matière inerte, telle que de la pierre ponce ou du coke en petits grains. On délaie ce mélange dans de l'eau acidulée à 15 0/0 de façon à en faire une pâte assez liquide ; on applique cette pâte sur la plaque avec une spatule de manière à bien remplir les vides. On laisse sécher la plaque, puis on la trempe dans de l'eau acidulée sans la laisser séjourner, on laisse encore sécher et on procède à un nouveau trempage, mais en laissant la plaque environ 10 minutes dans l'eau acidulée ; on laisse sécher de nouveau et on recommence l'opération en laissant séjourner cette fois la plaque dans l'acide pendant une heure. La plaque une fois séchée est prête à être formée.

On garnit de la même manière les plaques négatives,

avec cette différence que le mélange ne contient pas de minium.

La matière inerte a pour but de donner de la porosité aux plaques, ce qui facilite la réduction des oxydes; les trois trempages successifs ont la propriété de rendre la pâte beaucoup plus dure et moins friable.

Toutes les matières employées dans cette fabrication doivent

Fig. 174. — Accumulateur.

être excessivement pures et ne contenir aucun corps étranger. La plaque empâtée prend l'aspect de la figure 176.

Pour procéder à la formation, on monte les plaques dans des bacs en grès, en verre ou en bois doublé de plomb et remplis d'eau acidulée ayant une densité de 1,15. Cette eau doit recouvrir complètement les plaques. On place dans chaque bac un nombre de plaques couplées en quantité déterminée par l'intensité du courant dont on peut disposer, étant donné que ce courant doit être de deux ampères par kilogramme de plaque. On forme généralement une des électrodes avec les plaques à former et l'autre électrode avec des lames de plomb, de façon à former simultanément les plaques positives et les négatives. Il est bien entendu que si l'on forme des plaques positives elles doivent constituer l'anode et réciproquement. La formation doit se faire pendant 150 heures environ, sans interruption et sans renversement de courant.

Après la formation on procède au montage des éléments qui comprennent un nombre impair de plaques, ayant une plaque négative de plus que les positives. Toutes les plaques de même nom sont réunies en quantité par une barre de connexion; les anodes sont alternées avec les cathodes, les deux plaques extrêmes étant de ces dernières.

Le tout est placé dans un bac en bois doublé de plomb contenant de l'eau acidulée à raison de 1 volume d'acide sulfurique à 66° B pour 9 volumes d'eau.

Nous allons examiner maintenant quelles sont les réactions des différents corps en présence pendant la formation, la charge et la décharge.

On a garni les plaques positives d'un mélange de minium, de litharge et d'acide sulfurique : il s'est donc produit sans courant électrique les deux réactions suivantes :

$$Pb^3O^4 + 2SO^3HO = PbO^2 + 2PbO\,SO^3 + 2HO$$
$$PbO + SO^3HO = PbO\,SO^3 + HO.$$

Avant la formation, la plaque positive est donc formée de minium (Pb^3O^4) et de litharge PbO non attaqués, de bioxyde de plomb PbO^2 et de sulfate de plomb.

La plaque négative est formée de litharge PbO et de sulfate de plomb $PbO\,SO^3$.

Le courant de formation transforme le minium, la litharge et le sulfate de plomb de l'anode en bioxyde de plomb, tandis que la litharge et le sulfate de plomb de la cathode sont réduits en plomb métallique. Le résultat est donc du bioxyde de plomb à la plaque positive et du plomb spongieux à la plaque négative. A la décharge, l'acide sulfurique se combine avec le plomb et avec le bioxyde de plomb, et il se forme du sulfate de plomb.

M. Monnier a démontré que pendant la charge il se formait une certaine quantité d'eau oxygénée qui intervient dans la réaction de décharge en se réduisant à la surface de l'électrode positive.

Dans les accumulateurs, il n'y a aucun inconvénient à prolonger un peu plus la charge, tandis qu'il est dangereux de prolonger la décharge ; la sulfatation gagnant les grilles, à la charge ce sulfate est réduit et la grille se désagrège. Pour la même raison, il ne faut pas abandonner à eux-mêmes des accumulateurs non chargés.

Fig. 175. — Indicateur de charge des accumulateurs.

On voit, d'après ce qui précède, que la proportion d'acide sulfurique de l'eau acidulée augmente pendant la charge et diminue à la décharge ; en en prenant la densité on peut se rendre compte de l'état de charge de l'accumulateur.

M. Roux a construit un petit appareil représenté fig. 175, et donnant à chaque instant l'état de charge d'un accumulateur : un tube de verre lesté plonge dans l'électrolyte; sa longueur est suffisante pour tenir presque toute la hauteur de l'appareil, et il s'enfonce plus ou moins suivant la densité du liquide. Ce

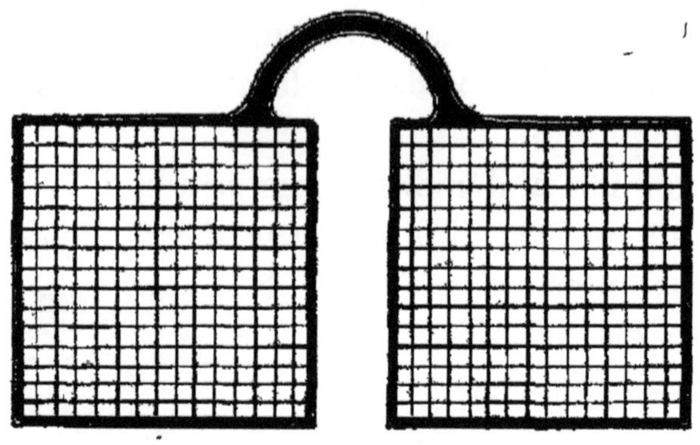

Fig. 176. — Plaques jumelles.

mouvement est transmis par un fil à une aiguille qui se déplace devant un cadran divisé indiquant la pro-

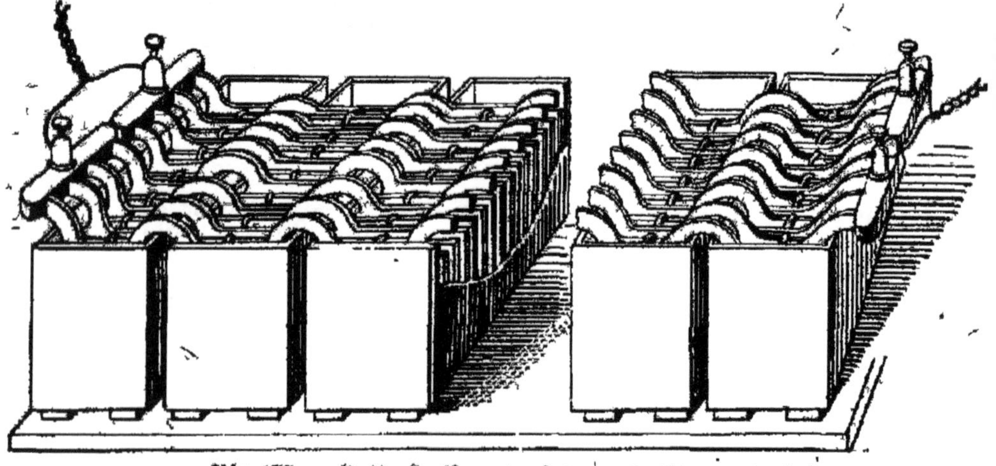

Fig. 177. — Batterie d'accumulateurs à plaques jumelles.

portion de charge. Il est indispensable que le tube tienne presque toute la hauteur du liquide pour indiquer la densité moyenne.

Les accumulateurs Faure-Sellon-Volckmar ont reçu dans ces derniers temps différentes modifications de détail. Ainsi, on a construit des appareils à plaques jumelles. Une plaque positive d'un élément étant accouplée directement et d'une façon rigide à la plaque négative de l'élément suivant, ainsi que le représente la figure 176. Tout le montage d'une batterie peut ainsi se faire sans connexions, ainsi que le représente la figure 177.

152. *Accumulateur Gadot et Pisca.* — MM. Gadot et Pisca ont modifié la forme de ces plaques, il les font supporter par leurs tiges au lieu de reposer sur des tasseaux placés au fond de la boîte. En outre, les bacs sont en verre. Les lames ne sont pas percées d'alvéoles, mais elles portent sur leurs deux faces des rainures dans lesquelles on place la pâte. Dans un autre modèle employé plus spécialement pour la traction électrique, les plaques sont maintenues entre elles par des pièces de porcelaine.

153. *Accumulateur Tudor.* — L'accumulateur Tudor est constitué par des plaques, dites à ailettes, à rainures très profondes pratiquées des deux côtés de la plaque. La figure 179 montre l'ensemble d'une plaque et la figure 178 une coupe de cette plaque. Les oxydes sont maintenus alors dans ces rainures.

Dans un nouveau modèle représenté figure 180 et figure 181 les cannelures ont encore été coupées par des rainures transversales, ce qui donne une surface plus considérable à la plaque. Celle-ci n'est construite qu'en une seule dimension et absolument rectangulaire. Les plaques sont assemblées dans des cadres par leurs parties inférieure et supérieure, ce qui permet

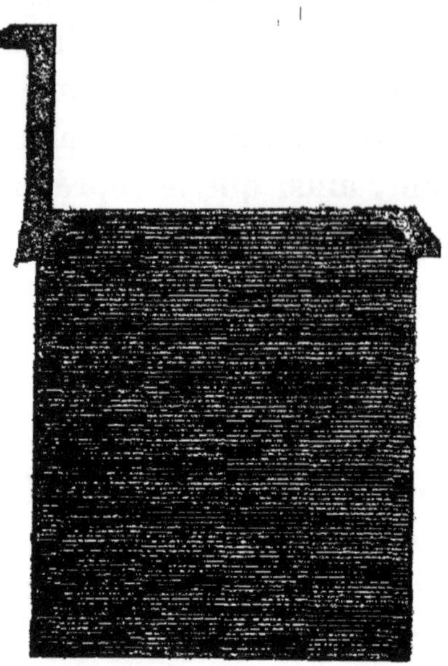

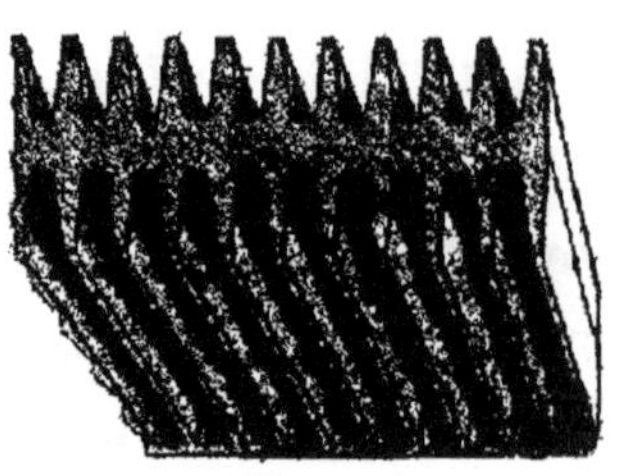

Fig. 178. — Plaques de l'accumulateur Tudor.

une certaine dilatation ; en outre les cadres sont disposés de façon à recevoir un plus ou moins grand nombre de plaques, suivant les dimensions de l'accumulateur que l'on veut construire.

Dans un élément chaque cadre est placé dans les rainures de deux plaques de verre garnissant deux parois

Fig. 179. — Plaque de l'accumulateur Tudor.

opposées du bac. Avant de glisser les cadres dans

ces rainures, on y introduit des lames de verre sur lesquelles ils viennent reposer; les cadres sont en outre séparés par des tubes de verre.

Fig. 180. — Vue de l'accumulateur Tudor

La matière qui se détacherait accidentellement n'est retenue par aucun obstacle et tombe jusqu'au fond de

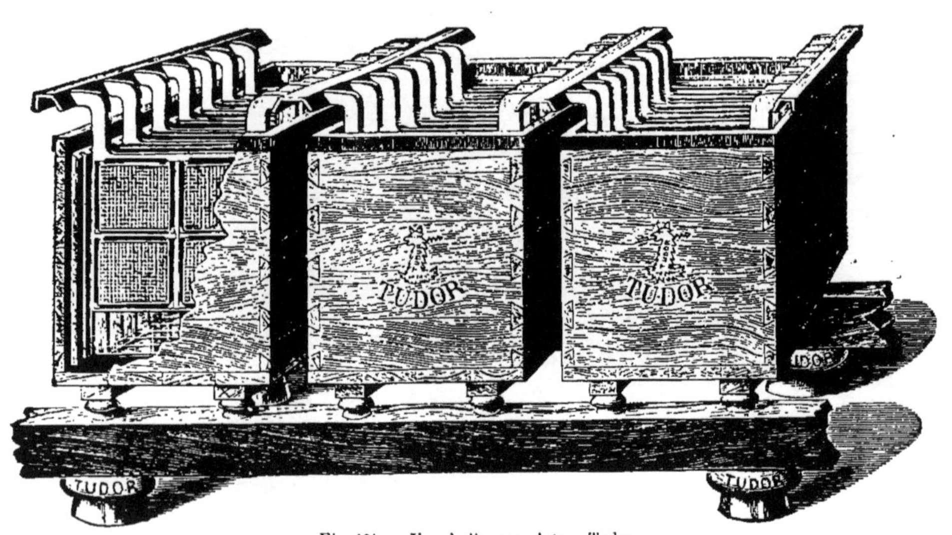

Fig. 181. — Vue de l'accumulateur Tudor.

la boîte entre les lames de verre. Les figures 180 et 181 font voir la disposition du montage employé dans l'accumulateur Tudor.

La plaque, avant d'être empâtée, est formée comme une plaque Planté; la couche d'oxyde qui se trouve alors à la surface donne une plus grande adhérence aux oxydes de la pâte. Cette formation Planté s'accentue toujours pendant le service des accumulateurs, de sorte que, lorsque les oxydes artificiels se détachent, il reste toujours les oxydes de la formation Planté, ce qui assure à ces accumulateurs une aussi longue durée qu'aux accumulateurs Planté, avec une formation beaucoup plus rapide.

La surface très développée de l'électrode donne à l'accumulateur Tudor la faculté de fournir sans fatigue de très grands débits.

154. *Accumulateur de la Société pour le travail électrique des métaux.* — Les accumulateurs de la Société pour le travail électrique des métaux (accumulateurs Laurent Cély) sont constitués par des plaques formant quadrillage et renfermant des pastilles d'oxyde de plomb ou de plomb spongieux; mais leur fabrication diffère complètement de celle des précédents.

Les pastilles sont placées les premières, puis la grille est coulée autour. Pour fabriquer les pastilles négatives, on fond dans un four à 550° un mélange de 75 0/0 de chlorure de plomb et de 25 0/0 de zinc; on coule ensuite ce mélange en forme de pastilles rectangulaires composées de chlorure double de plomb et de zinc. Les pastilles sont lavées à l'acide chlorhydrique concentré pour dissoudre le zinc et tous les oxydes, puis elles sont lavées à l'eau et séchées. On les place alors dans un moule disposé de telle sorte qu'en y coulant du plomb antimonié, ce plomb vienne encastrer toutes les pastilles comme dans une grille. La réduction en plomb spongieux s'opère par électrolyse en plaçant ces plaques avec des lames de zinc dans une électrolyte d'eau acidulée. On opère de même pour la fabrication des pastilles positives; mais avant de les fixer dans la grille, on les transforme par électrolyse en plomb spongieux comme précédemment, puis en les chauffant à 300° dans un courant d'air on détermine l'oxydation du plomb et sa transformation en peroxyde. On obtient ainsi des plaques très poreuses; les négatives sont constituées de pastilles de plomb spongieux, chimiquement pur et dont la densité est seulement de 3 ou 4. Les plaques positives sont formées par des pastilles de peroxyde de plomb d'une densité inférieure à 3. Ces pastilles ont généralement 60 millimètres de côté.

Les queues ont une forme spéciale qui permet de monter et de démonter individuellement les plaques sans déranger les voisines et sans arrêter le fonctionnement de l'accumulateur. A la partie supérieure se trouvent deux talons qui permettent de suspendre la plaque par sa partie supérieure et de lui laisser ainsi la possibilité de se dilater dans tous les sens.

Les plaques sont réunies entre elles au moyen d'un boulon en cuivre portant des écrous entre lesquels on serre les queues, ainsi que le représente la figure 182.

Pour la mise en marche de la batterie, on doit prendre certaines précautions que nous allons indiquer : il faut d'abord lui donner ce que le constructeur appelle un bain d'hydrogène, lequel consiste en une

Fig 182. — Accumulateur de la société pour le travail électrique des métaux.

charge prolongée dans un liquide très peu acidulé (maximum 4° au pèse-acide Baumé). L'hydrogène qui se dégage en grande quantité réduit l'oxyde qui a pu se former, pendant le transport, sur le plomb spongieux ; si le liquide était trop concentré, les plaques se sulfateraient.

On arrête le bain d'hydrogène lorsque la matière active des plaques négatives est devenue molle au point d'être traversée sans effort par une pointe fine ; on peut alors porter la densité du liquide à 32° Baumé.

Il existe encore un grand nombre d'autres accumulateurs, mais leur description nous entraînerait au delà des limites de notre cadre.

155. *Considérations générales sur les accumulateurs.* — La force électromotrice d'un accumulateur peut se calculer, comme celle d'une pile, au moyen des données de la thermo-chimie ; cette force électromotrice varie, suivant l'état de charge de l'accumulateur, de 1,8 volt et même au-dessous jusqu'à 2,5 volts. Il faut éviter de la laisser tomber au-dessous de 1,8, car on risquerait de sulfater l'élément.

La charge des accumulateurs se fait généralement au régime de 0,8 ampère par kilogramme de plaques pour les accumulateurs du genre Faure, et au régime de 0,03 ampère par décimètre carré pour les accumulateurs Planté.

Les régimes de décharge correspondants sont de 1 ampère pour les Faure et de 0,05 pour les Planté. Dans certains types cependant on peut arriver à doubler le régime de charge et à tripler le régime de décharge.

La capacité d'un accumulateur est la quantité d'électricité qu'il peut fournir ; la capacité utile est la quantité d'électricité qu'il peut fournir avant que la force électromotrice soit tombée au-dessous d'une certaine limite, généralement 1,85 volt.

La capacité des accumulateurs oscille entre 8 et 10 ampères-heures par kilogramme de plaques. Cette capacité varie avec le régime de décharge : elle est d'autant moins grande que le régime de décharge est plus grand.

Le rendement en quantité est le rapport de la quantité d'électricité fournie par la décharge, à la quantité d'électricité qui avait été donnée à l'accumulateur par la charge ; ce rendement est généralement de 90 à 92 0/0 avec de bons accumulateurs.

Le rendement en énergie est le rapport de l'énergie restituée par l'appareil à l'énergie qui lui a été donnée ; ce rendement varie de 75 à 80 0/0.

Pour la charge des accumulateurs on peut employer soit des piles, soit des machines. Les machines doivent être à excitation en dérivation ou indépendante. Avec une dynamo en série ou compound il peut arriver un moment de la charge où la force électromotrice de la batterie l'emporte sur celle de la machine ; le courant change de sens à la fois dans l'induit et dans les inducteurs, la polarité de ceux-ci est changée, et le courant produit par les accumulateurs prend bientôt une intensité dangereuse pour la machine qui peut être brûlée et dont le mouvement tend à augmenter.

Dans une dynamo en dérivation, le courant d'excitation aura toujours le même sens, lors même que le courant de charge serait renversé ; la polarité des électros sera donc toujours la même.

Il est toujours utile de protéger la dynamo par un appareil coupant automatiquement le courant dès qu'il tend à se renverser. Cet appareil est appelé disjoncteur automatique.

La figure 183 représente un disjoncteur construit par la maison Breguet et destiné à des courants de forte

Fig. 183. — Disjoncteur pour la charge des accumulateurs.

intensité. Il est constitué par deux électro-aimants dans lesquels passe le courant de charge des accumulateurs. Ces électros peuvent attirer une pièce de fer portant à la partie inférieure une plaque de cuivre qui, lorsque la pièce inférieure est attirée, vient établir la communication entre la machine et les accumulateurs par l'intermédiaire du circuit des électros. Un ressort à boudin maintient la pièce de fer écartée des électro-aimants dès que le courant n'a plus assez d'intensité pour produire une aimantation capable de contrebalancer son action. On règle la tension des ressorts pour que l'appareil fonctionne sous une intensité déterminée.

On peut construire de la manière suivante un disjoncteur automatique très simple et fonctionnant très bien : sur une planchette verticale on fixe une bobine B constituée par un cylindre de fer autour duquel on enroule un fil de cuivre isolé, de section suffisante pour supporter le courant de charge des accumulateurs. Sous cet électro-aimant on fixe une barre L mobile

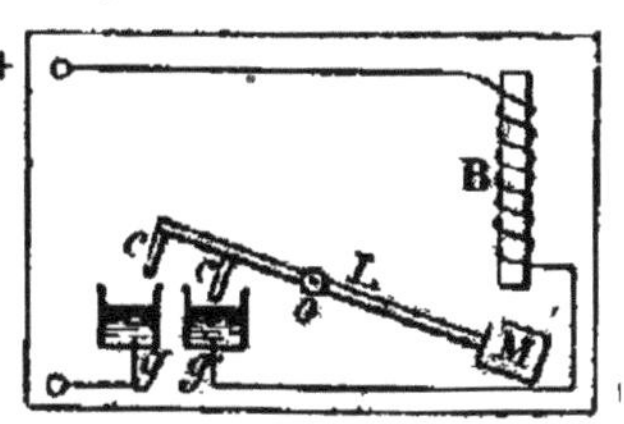

Fig. 184. — Disjoncteur à mercure.

autour d'un axe O; l'extrémité placée sous la bobine est terminée par une masse de fer doux M, destinée à être attirée par cette bobine; l'autre extrémité porte deux petites tiges c,c' pouvant plonger dans deux godets g,g' remplis de mercure et communiquant chacun avec une extrémité du circuit. Le bras de levier portant la masse M a un poids supérieur à l'autre, de sorte qu'il prend de lui-même la position indiquée par la figure 184. Si on abaisse l'extrémité c, la communication est établie entre g et g', le courant peut donc passer et l'électro B s'aimante; la masse M est attirée et le levier reste dans cette position jusqu'à ce que l'intensité du courant diminuant dans de trop grandes proportions, l'aimantation soit insuffisante pour maintenir la masse M ; le levier bascule alors et le circuit est rompu. En modifiant la masse M, on arrive à régler l'appareil pour une intensité déterminée.

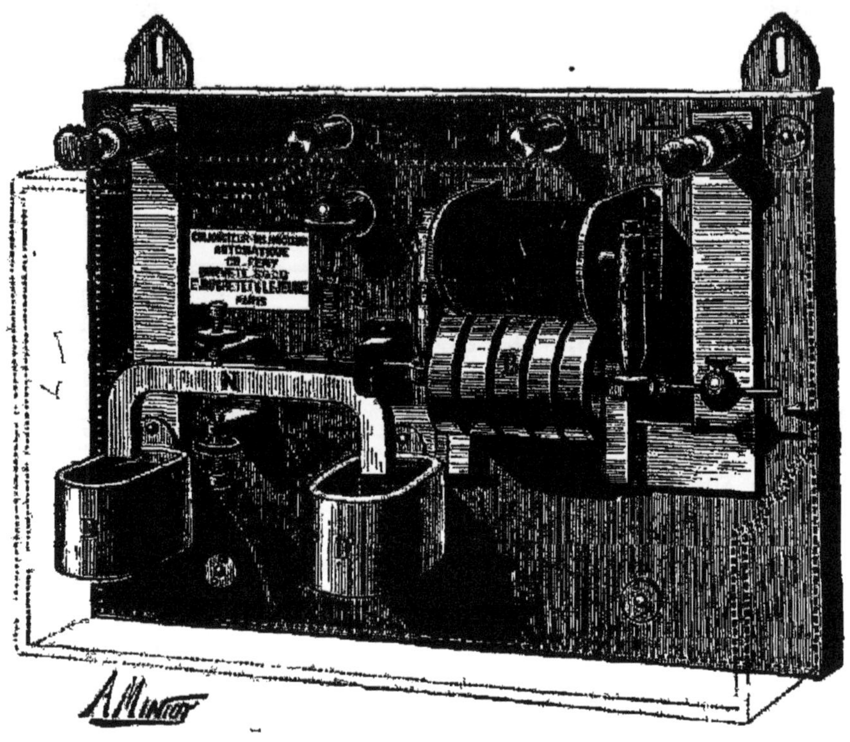

Fig. 185. — Conjoncteur-disjoncteur automatique.

On construit également des conjoncteurs-disjoncteurs qui non seulement coupent le circuit quand la force électromotrice des accumulateurs devient supérieure à celle de la machine, mais encore ferment automatiquement le circuit dès que la force électromotrice de la machine redevient supérieure à celle des accumulateurs. La figure 185 représente un de ces appareils combiné par M. Ch. Féry. Il est formé de deux bobines A et B, l'une en fil fin A qui se place dans le circuit d'excitation ou en dérivation sur le courant de la machine, l'autre B de gros fil qui se place en circuit ; ces bobines agissent sur un levier NOM comme dans l'appareil précédent. Dès que la force électromotrice atteint une valeur convenable, les deux pièces polaires GG' de la bobine A sont polarisées et la palette M attirée, et par suite le circuit fermé par les godets D et D', en même temps ; la bobine B agit dans le sens convenable pour que la palette soit attirée par les pièces GG'. Si l'intensité du courant diminue dans B, la force électromotrice baissant en même temps, l'attraction de A diminue, et sous l'action du ressort R le circuit est rompu. Si la rupture ne se faisait pas, le courant se renverserait dans B, les pôles de la palette M changeraient de sens et il se produirait une répulsion qui viendrait s'ajouter à l'action du ressort R pour rompre le courant.

QUATRIÈME PARTIE

Eclairage électrique

CHAPITRE XIII

ECLAIRAGE PAR L'ARC VOLTAÏQUE

156. *Arc voltaïque*. — Humphry-Davy, en 1800, découvrit que, sous l'action d'un courant électrique assez intense produit par une force électromotrice de 50 volts environ, dans deux baguettes de charbon placées dans le prolongement l'une de l'autre et se touchant par leurs extrémités terminées en pointe, ces pointes rougissaient. Si on écarte légèrement les deux baguettes l'une de l'autre, le courant n'est pas interrompu; il passe de l'une à l'autre en produisant une surface lumineuse très intense qui a été appelée arc voltaïque. Le courant ayant été établi par le contact des deux charbons, dès qu'on éloigne les pointes il se produit un extra-courant ayant une tension suffi-

sante pour faire jaillir une étincelle entre ces deux
pointes, le carbone se volatilise par suite de la haute
température de cette étincelle, les particules de charbon entraînées ferment alors le circuit, et le courant
peut continuer.

Si l'on écarte les deux charbons, la résistance augmente et l'arc diminue d'intensité jusqu'à ce qu'il dis-
paraisse. L'arc ne se produit que si la différence de
potentiel entre les deux pointes de charbon est suffisante; il faut que cette différence de potentiel soit de
35 à 40 volts.

Par suite de la volatilisation du charbon, il y a usure
des baguettes; mais cette usure n'est pas la même pour
les deux charbons : le positif s'use plus rapidement que
le négatif, et ce dernier conserve sa forme en pointe,
tandis que l'autre se creuse en cratère. Ce phénomène
s'explique par suite du transport, par le courant, des
particules de charbon du pôle positif au pôle négatif.
Toutes les parties de l'arc voltaïque ne sont pas également lumineuses; l'arc lui-même l'est moins que les
deux extrémités des charbons, parce qu'il contient
peu de matières solides. La partie la plus lumineuse
est le cratère du charbon positif.

157. *Régulateurs ou lampes à arc.* — Pour avoir
un éclairage régulier par l'arc voltaïque, il faut que
les deux extrémités des charbons soient maintenues à
une distance invariable; il faut donc leur donner un
mouvement de rapprochement correspondant à leur
usure. Ce mouvement peut être produit soit à la main,
soit automatiquement. Dans les lampes à main, les

crayons de charbon sont portés par des tiges métalliques formant crémaillères que l'on peut actionner par des pignons dentés. Ces appareils ne sont guère employés que pour les projections, pour lesquelles la présence d'un opérateur est toujours indispensable.

Dans les appareils automatiques, l'avancement des charbons est produit soit par un mouvement d'horlogerie, soit par l'action de la pesanteur, soit par tout autre moyen mécanique; mais ce mouvement est toujours réglé par le courant lui-même. Le courant agit généralement par son passage dans un solénoïde.

On peut faire passer le courant de l'arc tout entier dans ce solénoïde, ou bien seulement une dérivation de ce courant, ou bien on peut combiner ces deux procédés. De là trois types principaux de régulateurs :

Régulateurs en série;

Régulateurs en dérivation;

Régulateurs différentiels.

Il existe un nombre infini de régulateurs et nous allons en décrire seulement deux ou trois parmi les principaux.

158. *Lampe Pilsen.* — La lampe Pilsen est une lampe différentielle; elle est constituée par deux électro-aimants S et S'(fig. 186) dont l'un est traversé par tout le courant et l'autre par une dérivation prise aux bornes de la lampe. Dans l'intérieur de ces bobines peuvent se déplacer deux tiges de fer A et B réunies par un fil passant sur une poulie P. Les porte-charbons sont fixés sur ces tiges. Le porte-charbon positif est un peu plus lourd que l'autre, de sorte que la pesanteur tend toujours à ramener les charbons au contact.

Aussitôt que le courant est envoyé dans la lampe, la tige de fer A est attirée par le solénoïde S, les char-

bons s'écartent et l'arc se produit; les charbons commencent alors à s'user, l'arc augmente de longueur et, par suite, de résistance, l'intensité du courant diminue dans le solénoïde S et augmente dans S'. L'action de S sur la tige A est moins forte, cette tige tend donc à descendre; en même temps, l'action de S' sur R augmente; les deux effets s'ajoutent donc pour

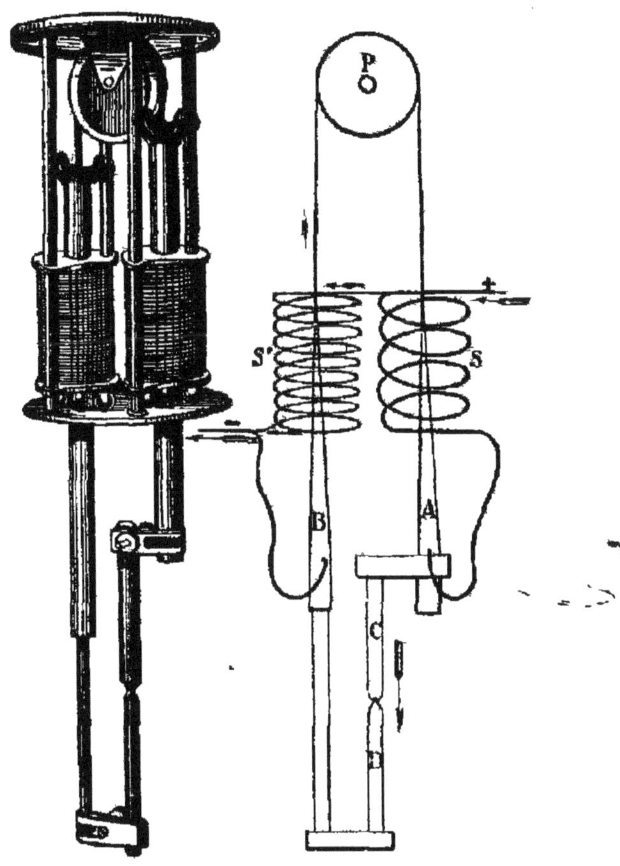

Fig. 186. — Lampe Pilsen.

rapprocher les charbons et l'arc revient à sa longueur normale. Le réglage se fait insensiblement et devrait être absolument continu s'il n'y avait pas à vaincre l'inertie des pièces frottantes.

Nous avons vu que le charbon positif s'use plus vite que le charbon négatif; le point lumineux doit donc se déplacer dans l'espace et se rapprocher du porte-charbon positif. Pour remédier à cet inconvénient, on donne un plus grand diamètre au charbon positif qu'au négatif. De la sorte la longueur d'usure est à peu près la même et le point lumineux reste fixe dans l'espace.

Une particularité de cette lampe est la forme conique des deux tiges de fer formant les noyaux des électro-aimants. Cette forme leur est donnée pour que l'action des solénoïdes soit la même, quelles que soient leurs positions respectives. En effet, l'attraction d'un solénoïde sur un barreau cylindrique varie suivant la quantité dont celui-ci est enfoncé. L'attraction atteint son maximum quand l'extrémité du barreau est à hauteur du centre du solénoïde ; si, la tige s'enfonce, l'action diminue jusqu'à ce que le centre du barreau coïncide avec le centre du solénoïde. Si l'on donne à la tige une forme conique, l'action reste constante.

159. *Régulateur-dynamo Breguet.* — Ce régulateur, représenté par la figure 187, peut être placé dans la catégorie des lampes en série. Il a pour organe régulateur une petite dynamo réceptrice (voir § 181) actionnée par le courant total. Sur l'arbre de l'induit de ce petit moteur est montée une roue dentée qui engrène avec une tige à crémaillère formant le porte-charbon positif. Le porte-charbon inférieur est fixe. La crémaillère, par son poids, tend à faire tourner l'anneau dans un sens, le courant, par contre, tend à faire tourner la dynamo en sens inverse, c'est-à-dire à remonter le porte-charbon ; il s'établit un équilibre entre ces deux forces et, par suite, les charbons sont maintenus à l'écartement voulu.

L'appareil, tel que nous venons de le décrire, agirait trop brusquement pour la moindre variation de force électromotrice dans le circuit. Pour remédier à cet inconvénient, on a muni la lampe d'un amortisseur consistant en un shunt peu résistant, dans lequel un courant très intense est temporairement développé dés qu'un mouvement irrégulier du porte-charbon imprime à l'induit un déplacement.

Cette demande supplémentaire d'énergie cale brusquement le moteur et arrête instantanément son mouvement.

160. *Lampe Cance.* — La lampe Cance (fig. 188 et fig. 189) est différentielle, mais elle ne comporte qu'une bobine, sur laquelle sont faits les deux enroulements concentriquement l'un à l'autre. Les porte-charbons sont supportés par des cordelettes qui viennent s'enrouler sur un tambour

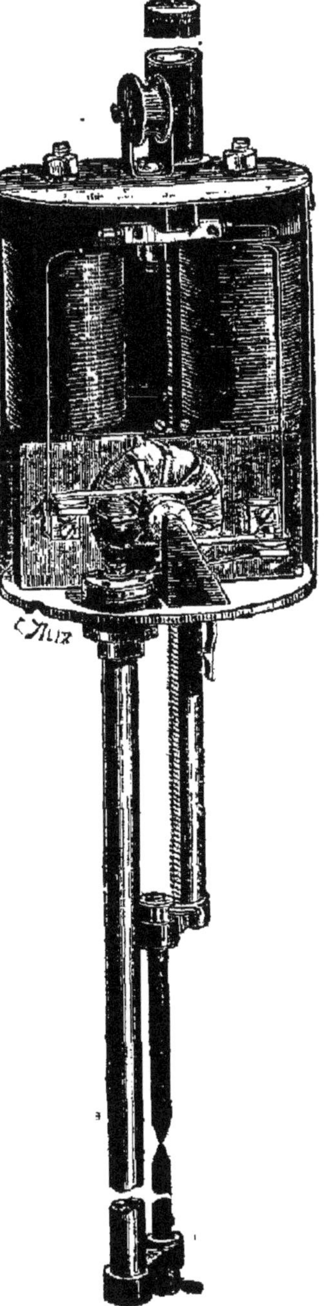

Fig. 187. — Régulateur Breguet.

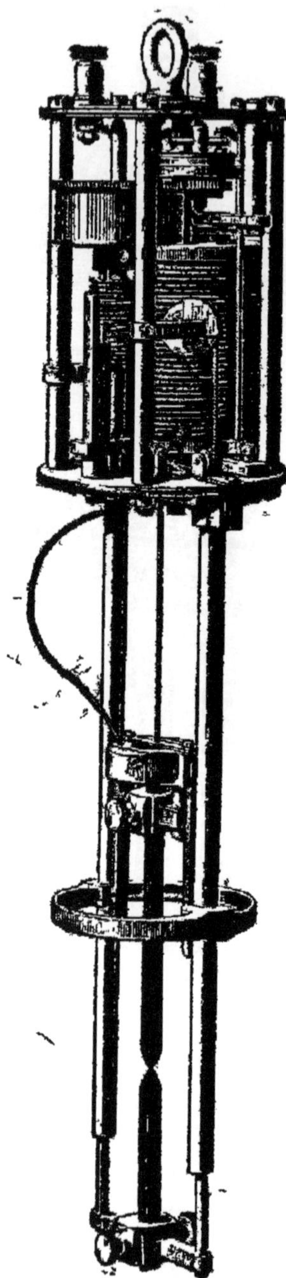

Fig. 188 — Lampe Cance.

portant une rainure hélicoïdale. Ce tambour est divisé en deux parties : la partie supérieure, de plus grand diamètre, reçoit la cordelette du porte-charbon positif ; la partie inférieure, de diamètre plus petit, reçoit celle du porte-charbon négatif. Ces diamètres sont déterminés pour que l'avancement des charbons soit proportionnel à leur usure, cet avancement se faisant par le propre poids des charbons. L'axe du tambour porte une roue dentée qui vient engrener avec un pignon sur l'arbre duquel est monté un plateau tournant avec lui. Un plateau pareil, mais fou sur l'arbre, peut venir s'appliquer sur le précédent sous l'action de l'électro-aimant et former ainsi un frein qui empêche le mouvement des porte-charbons. Le solénoïde produit

Fig. 189. — Lampe Cance.

aussi l'allumage par suite de l'attraction de son armature.

161. *Lampe Bardon.* — M. Bardon construit deux types principaux de lampes à arc, l'un différentiel, l'autre en dérivation. La lampe différentielle, dont la figure 190 représente la disposition schématique, est constituée par un électro-aimant B à deux enroulements, dans l'intérieur duquel se trouvent deux noyaux de fer doux N et N', l'un N fixe, l'autre N' mobile. Ce dernier porte une tige qui commande un levier *mn* mobile autour du point *o*. Le levier peut venir appuyer contre un volant V sur l'axe duquel est calée une petite poulie à gorge recevant la cordelette de suspension des porte-charbons. Cette cordelette, ainsi que le montre la figure 190, passe sur un certain nombre de poulies et ses extrémités viennent se fixer sur le levier en *m* et *n*. Dès que le courant est envoyé dans la lampe, le noyau N' est attiré, et la branche *m* du levier soulevée et, par suite aussi, le porte-charbon supérieur ; l'arc se produit ; en se soulevant le levier est venu caler le volant V.

Dès que l'arc s'agrandit, l'intensité dans le gros fil diminue, elle augmente dans le fil fin, le noyau N'

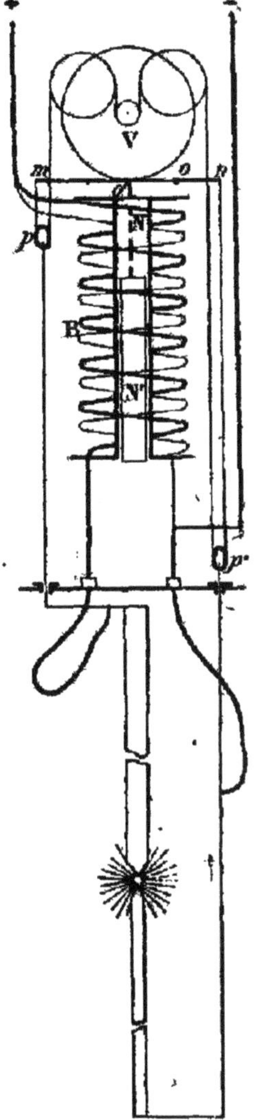

Fig. 190. — Lampe différentielle Bardon.

redescend un peu et le volant devient libre ; le poids du

porte-charbon positif peut donc agir pour rapprocher les crayons; aussitôt que l'arc a repris sa longueur normale, le volant est de nouveau calé par le levier. On voit que l'avancement des deux porte-charbons est le même; pour obtenir un point lumineux fixe, il faut donc donner au crayon positif une section double de celle du crayon négatif.

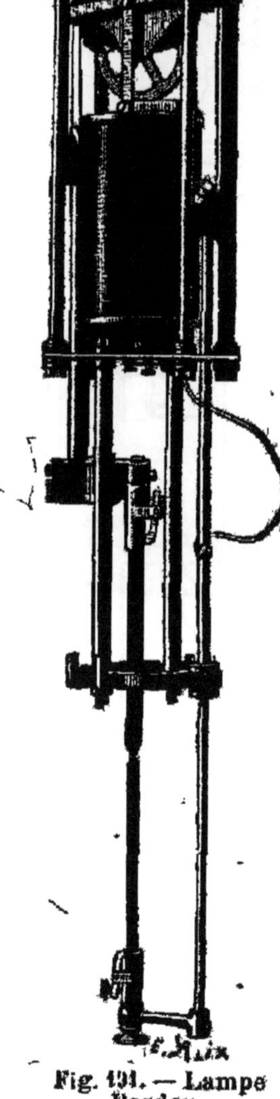

Fig. 191. — Lampe Bardon.

Lorsque l'on place deux lampes sur un même circuit, comme il est impossible qu'elles soient absolument identiques, il arrive que l'une se règle avant l'autre : les charbons se rapprochent; l'arc de la seconde lampe augmentant, l'intensité diminuera; la première lampe laissera encore rapprocher ses charbons, et finalement ils arriveront à se toucher : on dit alors qu'il y a *collage*, et pendant ce temps l'arc de l'autre lampe est très grand. M. Bardon a remédié à cet inconvénient en ne faisant pas agir directement la tige de N' sur le levier. Cette action est transmise par l'intermédiaire d'un ressort à boudin. Au moment où la lampe ayant un arc trop grand vient à se régler, l'intensité augmente brusquement, le noyau N' est attiré violemment dans la lampe qui colle, et il tend le ressort qui produit un nouvel allumage.

L'autre type de lampe Bardon, dont le solénoïde ne comporte qu'un enroulement en dérivation, est basé sur le même principe. La figure 192 en représente la disposition. Le frein F est fixe et tout le système du volant et des poulies est mobile et solidaire des oscillations du levier *mn*. Au repos le volant vient appuyer sur le frein F par son propre poids et les charbons ne peuvent se rapprocher. Dès que le courant est envoyé dans le circuit, le noyau est attiré et le volant soulevé; les charbons peuvent donc venir se toucher, le courant peut les traverser; mais en même temps l'intensité diminue dans le solénoïde, le noyau retombe, le levier s'abaisse et par suite le porte-charbon inférieur, et l'arc se produit.

162. *Rhéostat de réglage.* — Quand la source d'électricité a une force électromotrice constante, on ne fait généralement pas

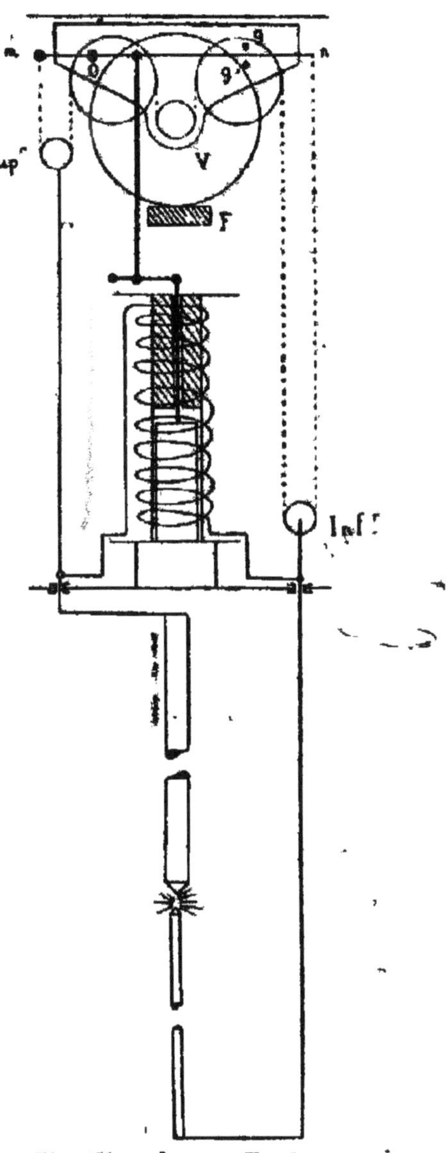

Fig. 192. — Lampe Bardon en dérivation.

passer directement le courant électrique dans les lampes à arc, mais on intercale dans le circuit une résistance qui rend le réglage plus régulier. En effet, pour une variation de force électromotrice donnée, la variation d'intensité sera d'autant plus petite que la résistance du circuit sera plus grande.

Les rhéostats sont généralement calculés pour perdre de 15 à 20 volts. Ils sont formés d'un fil de maillechort enroulé sur un tambour; un curseur permet de faire varier la longueur du fil en circuit. La figure 193 représente le rhéostat de la lampe Bardon.

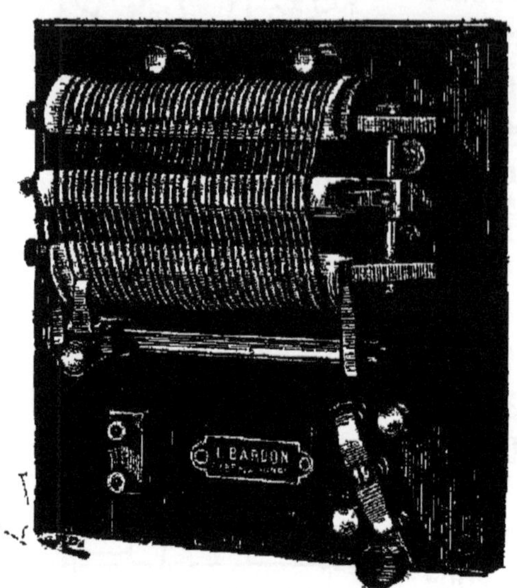

Fig. 193. — Rhéostat Bardon.

163. *Généralités sur les lampes à arc.* — Les charbons employés dans les lampes à arc sont formés de charbon de cornue pulvérisé, puis aggloméré. Pour faciliter la formation du cratère au pôle positif, le charbon correspondant à ce pôle est percé dans toute sa longueur et la cavité remplie d'une pâte de charbon plus tendre que celle du charbon lui-même. On dit alors que le charbon est à âme ou à mèche.

La grosseur du charbon doit être proportionnée à l'intensité du courant.

Pour les lampes de 3 à 4 ampères, on emploie un charbon à mèche de 11 mm et un charbon homogène de 7;

Pour les lampes de 5 à 7 ampères, on emploie un charbon à mèche de 13 mm et un charbon homogène de 8;

Pour les lampes de 8 à 12 ampères, on emploie un charbon à mèche de 15 mm et un charbon homogène de 10;

Pour les lampes de 12 à 20 ampères, on emploie un charbon à mèche de 17 mm et un charbon homogène de 12;

Pour les lampes de 20 à 30 ampères, on emploie un charbon à mèche de 22 mm et un charbon homogène de 15.

Pour un bon éclairage, la longueur de l'arc n'est pas indifférente; les valeurs convenables sont les suivantes :

1,5 mm pour	4 ampères
2 —	6 —
2,5 —	8 —
3 —	10 —
4 —	16 —
4,5 —	20 —

Une lampe à arc n'éclaire pas également dans toutes les directions. Si le charbon positif est à la partie supérieure, l'éclairement est maximum dans une direction faisant un angle de 40° avec l'horizontale et au-dessous d'elle. Ceci s'explique facilement par la formation du cratère dans le charbon positif.

On arrive à diffuser la lumière et à la rendre plus supportable à l'œil en entourant l'arc d'un globe en verre dépoli. Un très bon moyen de diffuser la lumière consiste à renverser l'arc en plaçant le charbon positif à la partie inférieure et en projetant la lumière au moyen d'un réflecteur, placé en dessous de la lampe, sur un plafond blanc. La figure 194 représente la disposition employée dans ce cas.

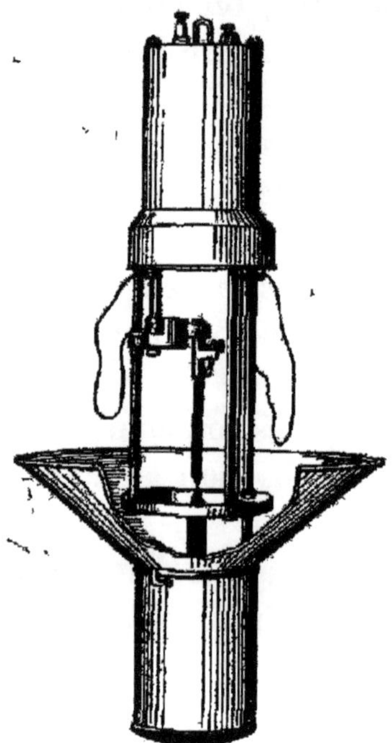

Fig. 194. — Régulateur pour éclairage par réflexion.

Quand les lampes sont placées à l'extérieur, il est bon de toujours enfermer l'arc dans un globe, sinon les mouvements de l'air les font vaciller et la lumière est irrégulière.

L'intensité lumineuse des lampes à arc est très difficile à mesurer; en multipliant par 10 le nombre représentant l'intensité du courant en ampères, on obtient approximativement la valeur en carcels de l'intensité lumineuse.

164. Bougies Jablochkoff. — Dans le but de supprimer le mécanisme régulateur, Jablochkoff a eu l'idée de placer les deux charbons parallèlement, à une distance convenable pour que l'arc puisse subsister; les deux charbons sont séparés par une matière isolante désignée sous le nom de colombin (sulfate de chaux et de baryte), et réunis à leurs extrémités par une amorce constituée par une pâte charbonneuse. Dès qu'on fait passer le courant, cette amorce brûle et l'arc jaillit entre les deux charbons. L'usure de ces derniers se fait parallèlement et en même temps le colombin est volatilisé par l'arc. Pour que celui-ci persiste, il est indispensable que les deux charbons s'usent également, sinon la distance des deux extrémités irait en augmentant et l'arc finirait par s'éteindre. Il faut donc alimenter la bougie Jablochkoff par des courants alternatifs.

CHAPITRE XIV

ÉCLAIRAGE PAR INCANDESCENCE

165. *Production de l'incandescence.* — Lorsque l'on fait passer un courant électrique dans un conducteur, il y a production de chaleur. Si on appelle E la force électromotrice, I l'intensité du courant et R la résistance du conducteur, le travail produit pendant un tems t est :

$$W = EIt \text{ joules.}$$

Or $\qquad E = RI.$

D'où $\quad W = RI^2t$ joules.

Mais un joule correspondant à 0,24 calorie, la chaleur produite par le courant est de 0,24 RI^2t calories. On peut donc arriver à produire une quantité considérable de chaleur au moyen du courant électrique; par suite, il sera possible d'amener les corps à l'incandescence.

166. *Lampes à incandescence.* — Les lampes à incandescence ont été formées primitivement par une ampoule contenant un fil de platine et dans laquelle on avait fait un vide aussi parfait que possible. On a dû abandonner ce système, car la consommation d'électricité était considérable pour un faible pouvoir éclairant. Dans la lampe actuelle, le fil de platine est remplacé par un filament de carbone. Suivant le type de lampe, ce filament a une forme différente; le plus généralement il est en U pour les lampes de faible résistance intérieure, et en forme de boucle pour les lampes à résistance plus élevée.

Le filament est constitué par du carbone pur, obtenu par carbonisation de matières végétales ou par décomposition d'un hydrocarbure.

Le filament Edison est obtenu de la manière suivante : on découpe dans des plaques d'écorce de bambou du Japon des petites fibres ayant la largeur que l'on veut donner au filament; on les place dans des moules de terre réfractaire en leur donnant leur forme définitive; on entoure le tout de plombagine pour empêcher l'accès de l'air, et on chauffe au moufle jusqu'à carbonisation complète.

Une fois le filament obtenu, on en soude les deux extrémités à deux fils de platine traversant un petit tube de verre. Ce tube est scellé à la lampe dans l'intérieur d'une ampoule en verre, de telle sorte que le filament se trouve renfermé dans l'intérieur de l'ampoule et que les extrémités du fil de platine soient à l'extérieur; l'autre extrémité de l'ampoule est prolongée par un tube de verre par lequel on la met en communication avec une pompe à mercure permettant de faire un vide presque complet. Pendant cette opération, on fait passer dans le filament un courant électrique de plus en plus intense afin de chasser l'air et les gaz qui se trouvent dans le charbon. Lorsque l'on juge que le vide est suffisant, on ferme l'ampoule en coupant au chalumeau le tube qui le termine. On fixe alors l'ampoule dans un support, appelé douille, soit en cuivre, soit en vitrite, en la scellant au moyen de plâtre ; les fils de platine viennent se souder à deux lamelles de cuivre qui serviront de contacts pour la prise du courant. La figure 195 représente une lampe à incandescence complètement montée.

Les lampes se placent dans des supports, soit à vis, soit à bayonnette. Ce dernier modèle (fig. 196) est le plus usité actuellement en France ; il est formé par une bague en cuivre portant deux échancrures dans lesquelles viennent s'engager deux petites tiges placées sur les côtés de la douille et diamétralement opposées. Dans l'intérieur de la bague sur un support en matière isolante se trouvent deux petits pistons en cuivre maintenus en contact avec les deux lamelles de cuivre, placées sous la douille, par des ressorts à boudin ; à ces pistons viennent se fixer les fils amenant le courant.

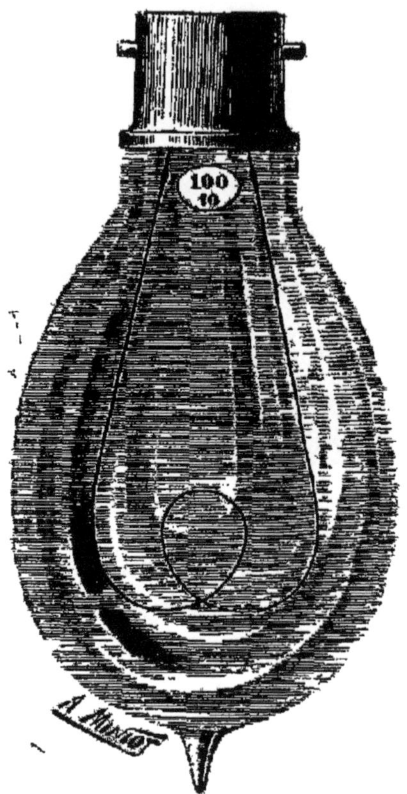

Fig. 195. — Lampe à incandescence.

La consommation de puissance électrique, qui varie beaucoup avec la construction, n'est pas proportionnelle à l'intensité lumineuse. En effet, si on appelle u la différence de potentiel aux bornes de la lampe, i l'intensité du courant et B le pouvoir éclairant d'une lampe (en bougies), on a très approximativement :

$$B = C\,(ui)^3,$$

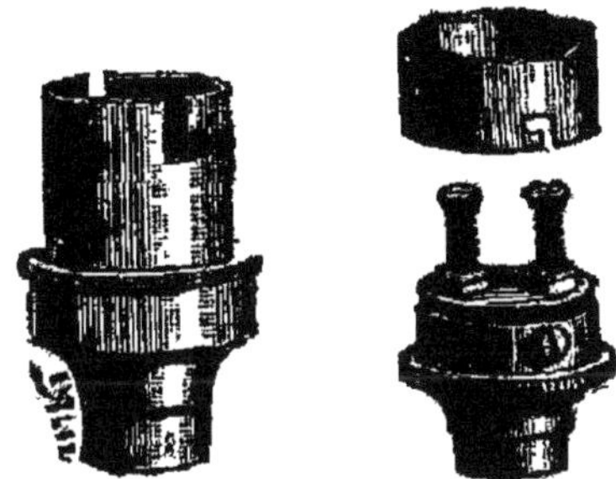

Fig. 196 — Support a baïonnette.

C étant une constante dépendant de chaque lampe. Soit, par exemple, une lampe de 10 bougies dépensant 35 watts, on a :

$$C = \frac{10}{35^3} = 0,00023.$$

Si maintenant dans cette même lampe on pousse la dépense à 38 watts, en augmentant la tension de 10 volts environ, la puissance lumineuse sera

$$B' = 0,0002 \times 38^3 = 27 \text{ bougies};$$

mais alors le filament se désagrégera rapidement et la lampe n'aura presque pas de durée.

Les consommations courantes pour les lampes de 45 à 125 volts sont les suivantes :

3,8 watts par bougie pour les lampes de	5 bougies
3,5 — — 10 —
3,2 — — 16 et 20 —
3,0 — — 22 —
2,8 — — 50 —
2,4 — — 100 —

Après un certain temps de service, l'intensité lumineuse des lampes diminue, le carbone du filament se volatilise un peu et vient se déposer sur les parois du verre en l'obscurcissant, de sorte qu'il y a une assez grande absorption de lumière; en outre, la résistance du filament augmente. Le potentiel étant constant aux bornes, l'intensité diminue, et par suite aussi le pouvoir éclairant.

CHAPITRE XV

167. *Canalisations*. — Les conducteurs employés pour la distribution de l'énergie électrique sont toujours ou presque toujours en cuivre ; le cuivre employé doit être aussi pur que possible, pour que sa conductibilité soit grande. On emploie généralement du cuivre dont la conductibilité est de 98 0/0 de celle du cuivre pur. Les canalisations peuvent être en cuivre nu, c'est-à-dire non entouré d'une gaine isolante, ou en cuivre isolé ; en outre, elles peuvent être aériennes ou souterraines. On emploie soit des fils, soit des câbles composés d'un certain nombre de fils, soit enfin des barres.

L'isolement des fils et câbles se fait au moyen de gutta-percha ou de caoutchouc. Pour l'éclairage on ne se sert que de câbles isolés au caoutchouc ; les fils et câbles isolés à la gutta ne sont employés que pour la sonnerie, la téléphonie et la télégraphie.

Les câbles isolés au caoutchouc doivent être étamés, sinon le soufre que contient le caoutchouc vulcanisé vient attaquer le cuivre pour former un sulfure. Malgré cette précaution et pour avoir un bon isolement, on met sur le cuivre une couche de caoutchouc pur et, par dessus seulement, le caoutchouc vulcanisé. L'isolement est plus ou moins bon, suivant l'épaisseur du caoutchouc, le nombre de couches et la manière dont

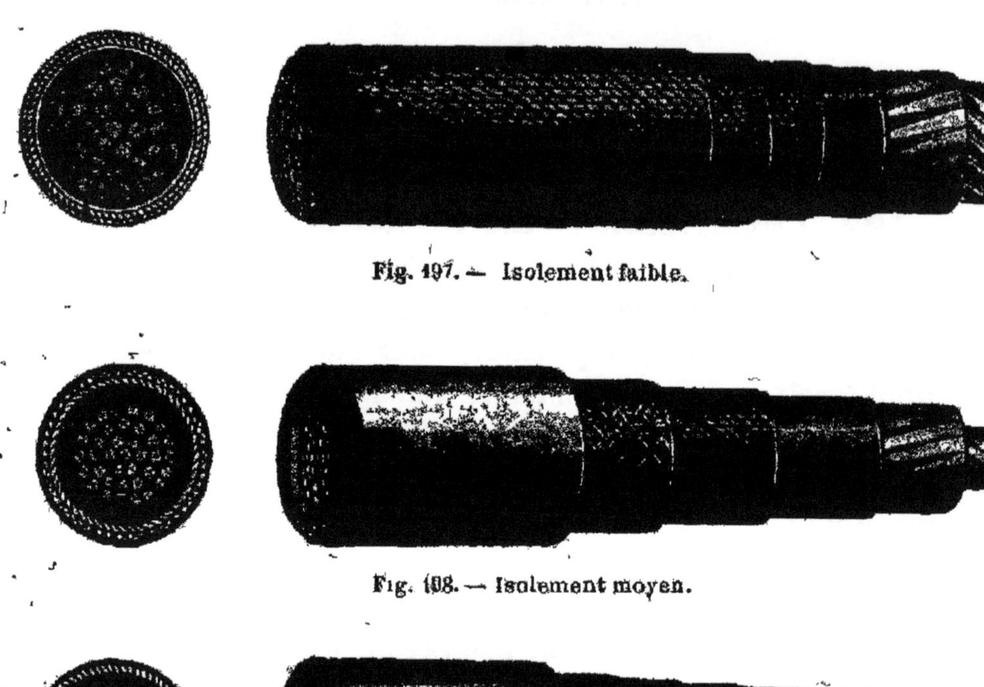

Fig. 197. — Isolement faible.

Fig. 198. — Isolement moyen.

Fig. 199. — Grand isolement.

la fabrication a été faite. Souvent même, dans les câbles à bon marché, l'isolement ne comporte pas du tout de caoutchouc; le câble est recouvert d'un enduit dit isolant, composé de déchets de caoutchouc, de goudron et toutes autres matières. Dans ce cas, on doit considérer cette enveloppe plutôt comme une protection mécanique que comme un isolant, et ces câbles doivent être montés comme des câbles nus. Les figures 197 à 199 représentent trois câbles isolés, fabriqués par la maison Menier-Rattier. Le premier ne contient pas de caoutchouc et a un isolement tout à fait insuffisant. Le second comporte du caoutchouc vulcanisé et l'isolement est déjà satisfaisant; le troisième, à très fort isolement, présente toutes les garanties désirables; l'isolement en dépasse 1600 mégohms par kilomètre.

168. *Lignes aériennes.* — Les câbles ou fils employés dans les canalisations aériennes sont généralement nus; il est pourtant bon d'avoir des câbles isolés dans les parties où ces lignes peuvent être accessibles à la main. Les câbles sont supportés par des isolateurs en verre ou en porcelaine placés eux-mêmes, soit sur des poteaux plantés dans le sol, soit sur des consoles scellées dans les maisons. Le câble est posé sur chaque isolateur et y est fixé par une attache en fil de fer. Les isolateurs sont analogues à ceux employés en télégraphie, mais de dimension appropriée à la section du conducteur.

Lorsqu'il faut réunir deux câbles, on fait une épissure; la meilleure se fait comme celle des cordages. On peut, pour les gros câbles, faire une sorte d'assemblage en réunissant les deux extrémités dans un manchon en cuivre qui les serre énergiquement, puis on soude le tout à l'étain.

Quand on emploie des câbles isolés, les épissures doivent être faites avec beaucoup de soin et l'isolement doit être rétabli d'une manière identique à l'isolement primitif du câble.

Supposons que l'on ait à faire la jonction de deux câbles dont l'isolement se compose d'une couche de caoutchouc naturel, d'une couche de caoutchouc vulcanisé et d'un enduit isolant. On dépouille les deux extrémités du câble de manière à laisser une longueur plus que suffisante de cuivre à nu pour faire l'épissure, puis on découpe les différentes couches d'isolant en escalier, ainsi que cela est indiqué fig. 197 à 199. On procède à l'épissure des fils de cuivre en les serrant fortement; le câble une fois épissé ne doit pas présenter de renflement à cet endroit; on soude ensuite à l'étain pour obtenir un contact parfait. Cette soudure doit être faite à la résine comme décapant; on ne doit employer ni l'acide, ni la paraffine, qui ont l'inconvénient d'oxyder le cuivre. Une fois la soudure faite, on entoure la partie mise à nu d'une première couche de caoutchouc naturel, avec un ruban de caoutchouc pur, en ayant soin que ce ruban ne vienne pas déborder sur la deuxième couche d'isolant qui est de caoutchouc vulcanisé; on soude les différentes spires ainsi formées en les imbibant légèrement d'essence de térébenthine, on enroule ensuite par dessus le caoutchouc pur du ruban caoutchouté en évitant toujours qu'il ne couvre la couche d'isolant qui se trouve au-dessus du caout-

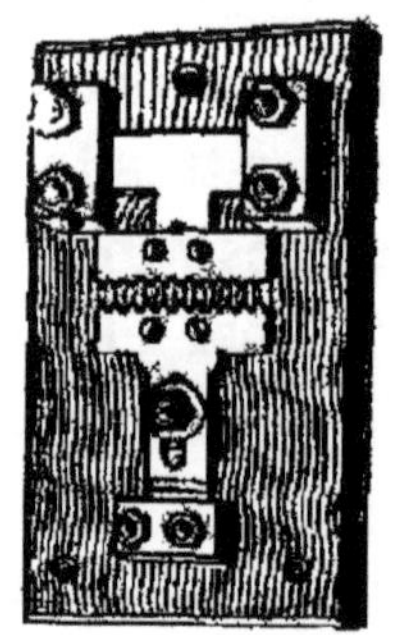

Fig. 200.— Parafoudre.

chouc vulcanisé, et ainsi de suite. On obtient un isolement aussi bon à l'endroit de l'épissure qu'en toute autre partie du câble; les ouvriers habiles arrivent de la sorte à faire des épissures qu'il est difficile de distinguer des autres parties du câble.

Les lignes aériennes doivent être protégées par des

Fig. 201. — Parafoudre.

parafoudres pour les cas d'orage. Ces parafoudres sont identiques à ceux employés en télégraphie.

Les figures 200 et 201 en représentent deux modèles différents.

169. *Lignes souterraines.* — Les lignes souterraines peuvent être établies de différentes manières, soit en câbles nus placés sur isolateurs, soit en câbles isolés placés dans des caniveaux en bois ou en poterie, soit enfin en câbles isolés et armés, placés directement dans le sol.

La canalisation en câbles ou en barres non isolés se

place dans des galeries ou des caniveaux; ces derniers sont faits en béton de ciment recouvert intérieurement d'un enduit de ciment. Dans le fond du caniveau sont scellées des traverses en fonte, sur lesquelles sont

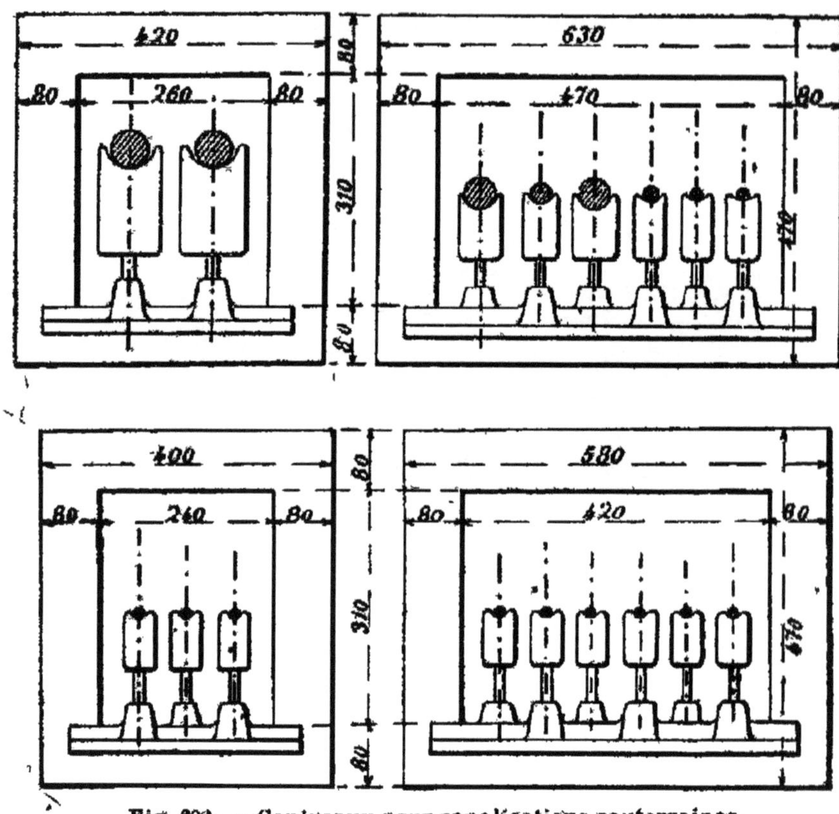

Fig. 202. — Caniveaux pour canalisations souterraines.

montées les tiges des isolateurs en porcelaine soutenant les câbles. La figure 202 représente des coupes de différents types de ces caniveaux, construits par la Société pour la transmission de la force par l'électricité. Le caniveau est recouvert par une dalle en béton de ciment ou en ardoise, cimentée avec soin.

La figure 203 montre le modèle d'isolateur employé et le mode de fixation du câble sur l'isolateur. Le petit isolateur fixé au-dessus supporte un fil supplémentaire dont nous verrons plus tard l'usage.

Dans certaines canalisations, comme celles faites par M. Crompton, le câble est remplacé par une bande de cuivre placée à plat, de sorte que, si l'on veut augmenter la section du conducteur, il est facile de placer par dessus une seconde barre, une troisième, etc.

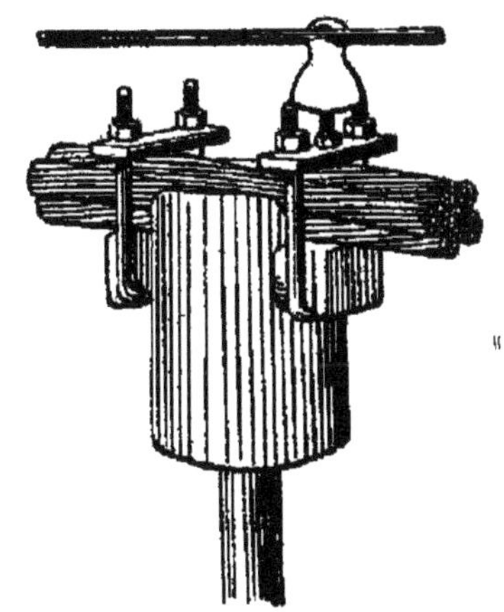

Fig. 203. — Isolateur de canalisation souterraine.

Toutes ces canalisations en caniveaux doivent avoir une pente pour faciliter l'écoulement des eaux qui pourraient s'y infiltrer; dans les points bas on ménage des puits ou regards fermés par un tampon facile à ouvrir et permettant de visiter l'état de la canalisation.

Les canalisations en câble isolé et placées dans des caniveaux en bois ne s'em-

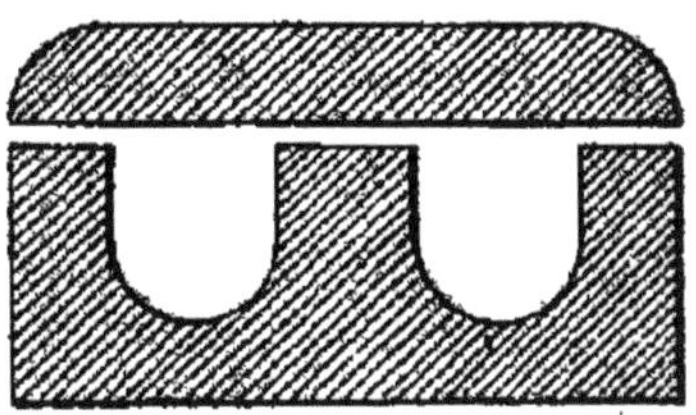

Fig. 204. — Caniveau en bois.

ploient plus guère que pour les branchements. Les caniveaux sont formés par des madriers en chêne ou en sapin créosoté ou goudronné, dans lesquels sont pratiquées des rainures destinées à recevoir le câble. La figure 204 montre la coupe d'un de ces caniveaux.

On emploie beaucoup actuellement les canalisations constituées par des câbles isolés placés simplement dans le sol. Dans ce cas, le câble est protégé par une gaine de plomb; mais il est préférable d'employer les câbles armés. Ceux-ci consistent en un câble à très grand isolement entouré d'une spirale en tôle d'acier qui est elle-même protégée par une enveloppe en tresse goudronnée. La pose de ces câbles est très simple, puisqu'il n'y a qu'à les placer dans la tranchée; mais les épissures sont très délicates à faire convenablement. Après avoir recouvert ces câbles d'un peu de terre, on place dessus un grillage métallique pour prévenir de leur présence en cas de fouilles ultérieures.

170. *Dimensions à donner aux canalisations.* — La première condition que doit remplir une canalisation est d'avoir une section suffisante pour qu'il ne puisse pas s'y produire d'échauffement anormal. Pour les fils nus des lignes aériennes, il ne faut pas faire passer plus de 6 ampères par millimètre carré de section, dans les fils nus placés en caniveaux 4 ampères, pour les câbles isolés ordinaires 2,5 ampères, pour les gros câbles à grand isolement 1 ampère.

La section des conducteurs peut encore être déterminée de manière à ne pas donner lieu à une perte de charge dépassant une limite donnée, pour le courant maximum; dans ce cas, le calcul se fait par application de la loi d'Ohm. Pour déterminer la perte de charge acceptable, il faut tenir compte du prix de la canalisation et du prix de revient du courant électrique. Si ce dernier est faible, il y a avantage à diminuer la section de canalisation et à avoir une perte de charge un peu forte; si au contraire le courant revient cher, il y a souvent avantage à établir une grosse canalisation, de manière à avoir peu de perte.

171. *Canalisations pour les courants alternatifs.* — Lorsqu'on a à canaliser des courants alternatifs, on peut employer les mêmes conducteurs que pour les courants continus; mais on constate que la densité du courant n'est pas uniforme dans toute la section du conducteur : cette densité est plus considérable à la périphérie. On a donc intérêt à employer comme conducteurs des tubes; on place souvent alors, comme le fait M. Ferranti, les conducteurs concentriquement l'un à l'autre.

Des tables spéciales permettent de calculer les dimensions à donner aux conducteurs pour courants alternatifs, la loi d'Ohm n'étant plus applicable.

172. *Différents modes de distribution de l'énergie électrique.* — Les différents systèmes de distribution ont été classés de la manière suivante par M. Monnier :

1° *Distributions directes*, dans lesquelles les appareils récepteurs utilisent l'énergie électrique telle qu'elle est fournie par le générateur.

2° *Distributions indirectes*, dans lesquelles le courant n'est utilisé qu'après son passage dans un appareil lui donnant les qualités nécessaires aux applications.

Les distributions directes peuvent se subdiviser en
Distribution en série,
Distribution en dérivation,
Distribution mixte.

Les distributions indirectes en
Distribution par transformateurs,
Distribution par accumulateurs.
Nous allons examiner ces différents systèmes.

173. *Distribution en série.* — Ce mode de distribution consiste à faire parcourir tous les appareils par le même courant; c'est donc une distribution à courant

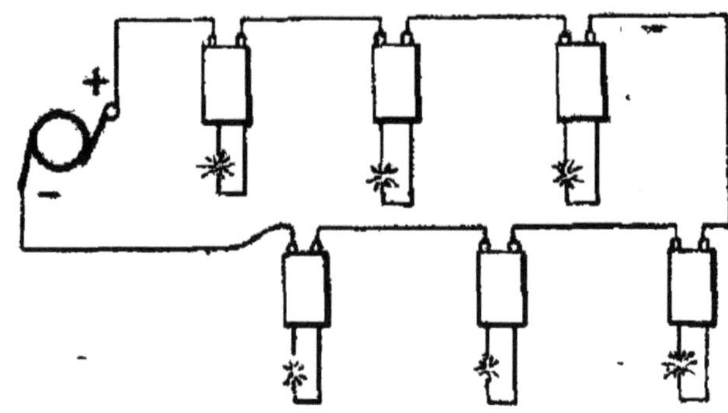

Fig. 205. — Distribution en série.

constant; la force électromotrice du générateur devra varier avec le nombre d'appareils à alimenter. Ce mode de distribution est plus particulièrement employé pour l'éclairage par lampes à arc; la figure 205 montre la disposition schématique d'une telle distribution.

Il est nécessaire d'employer avec chaque lampe un veilleur automatique qui remplace automatiquement la lampe mise hors circuit pour une cause quelconque, soit par une résistance équivalente, soit par un appareil semblable. Si, par exemple, dans un circuit de lampes à incandescence, l'une vient à se brûler, le courant se trouve interrompu et toutes les lampes s'éteignent; le veilleur automatique a pour but de remplacer par une autre cette lampe brûlée.

En général, les distributions en série fonctionnent sous une force électromotrice assez grande; cette force doit être égale à la somme des forces électromotrices exigées par tous les appareils, plus la force électromotrice nécessaire pour vaincre la résistance du circuit. On a ainsi des générateurs donnant jusqu'à 3000 volts.

174. *Distribution en dérivation.* — Ce mode de distribution est certainement le plus employé actuel-

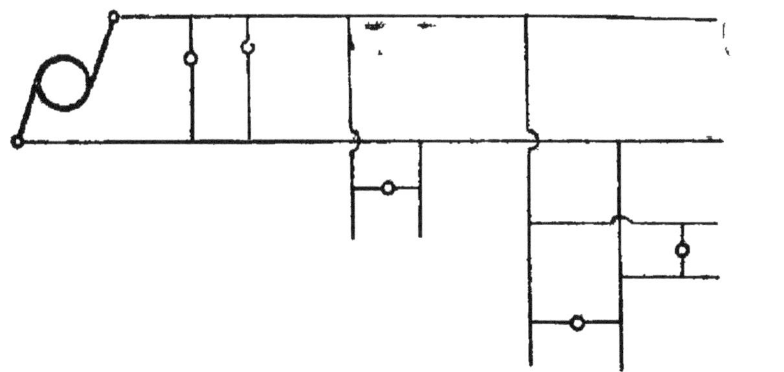

Fig. 206. — Distribution en dérivation.

lement. Les appareils ou groupes d'appareils sont montés en dérivation entre les deux fils principaux, ainsi que le représente la figure 206.

L'intensité du courant doit être égale à la somme

des intensités nécessaires pour chaque appareil. On voit que toutes les lampes sont indépendantes les unes des autres; la force électromotrice du générateur restant constante, l'intensité du courant varie avec le nombre de lampes en service. Toutes les lampes n'ont pas la même différence de potentiel entre leurs bornes ; cette différence de potentiel va en diminuant à mesure que l'on s'éloigne de la source d'électricité. En effet, supposons seulement deux lampes A et B dans un circuit. Soient e et e' les différences de potentiel

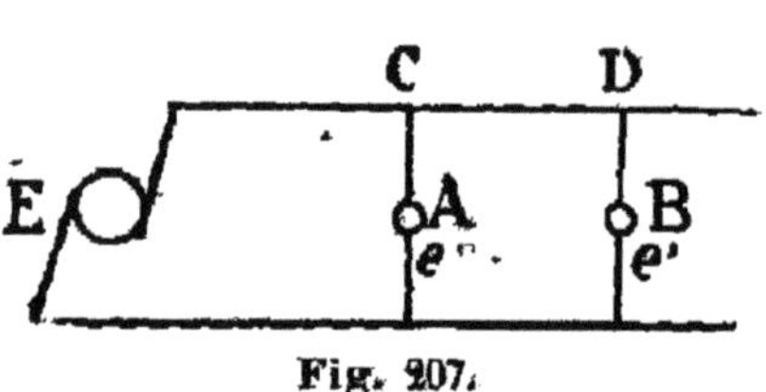

Fig. 207.

entre leurs bornes respectives, r la résistance de la portion du conducteur CD comprise entre les deux branchements; on a évidemment

$$e - e' = 2ir,$$
$$\text{donc } e > e'$$

On pourrait, pour remédier à cet inconvénient, employer des lampes exigeant d'autant moins de volts qu'elles sont plus éloignées de la source ; mais cela n'est pas pratique. On admet généralement comme acceptable une perte de charge de 2 à 4 0/0 de la force électromotrice du générateur d'électricité, et on détermine la section des conducteurs en conséquence. Mais cela conduit à des sections de câbles considérables pour les installations un peu importantes. On préfère employer un des moyens suivants.

Distribution en boucle. — Au lieu d'alimenter le circuit

des lampes par une de ses extrémités, on le met en
communication avec la source d'électricité par une des
extrémités d'un des fils et par l'autre extrémité de
l'autre fil, ainsi que le représente la figure 208. De la
sorte, la longueur totale du conducteur que le courant

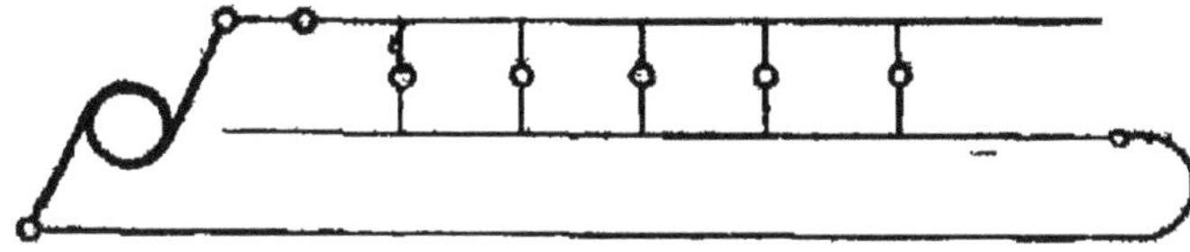

Fig. 208. — Distribution en boucle.

doit parcourir pour alimenter une lampe est toujours
la même et, par suite, la différence de potentiel est
constante aux bornes de toutes les lampes.

Distribution par Feeders. — Lorsque l'on a une distribution un peu étendue, on la divise en un certain

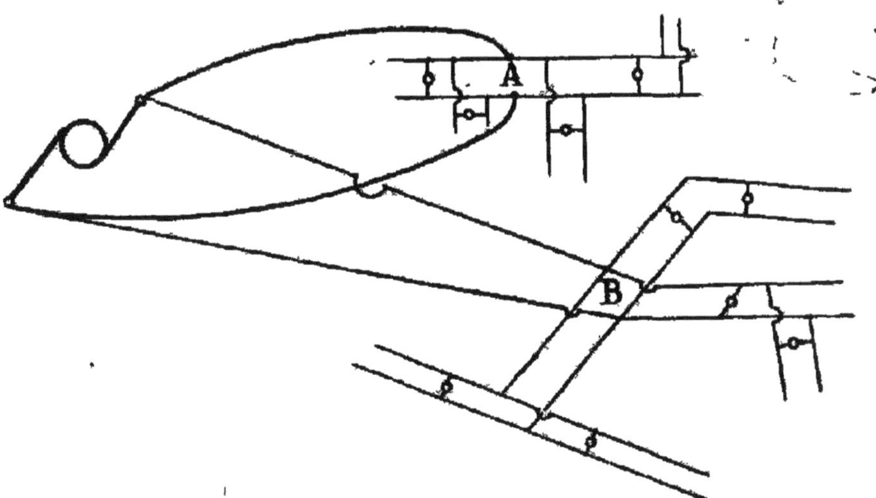

Fig. 209. — Distribution par Feeders.

nombre de parties au milieu desquelles on détermine
un point où l'on maintiendra la différence de potentiel

16

constante. Ces points sont des centres de distribution. Pour obtenir ce résultat, on y amène le courant par deux conducteurs appelés *feeders*, à l'origine desquels on maintient une différence de potentiel assez forte pour que, malgré la perte de charge, la différence de potentiel à l'extrémité soit celle voulue. Ces conducteurs sont appelés feeders.

Tous les feeders sont pris sur le générateur d'électricité et on règle leur différence de potentiel au départ au moyen de résistances. La figure 209 montre la disposition d'une distribution par feeders. Les points A et B sont des centres de distribution.

A partir du centre de distribution la canalisation est établie comme pour une distribution en dérivation ordinaire, et la tension va, en diminuant au fur et à mesure qu'on s'éloigne du centre de distribution. Si l'on veut avoir peu de perte de charge, on a donc intérêt à multiplier les centres de distribution.

175. *Distributions mixtes.* — La distribution mixte consiste à grouper un certain nombre de lampes en

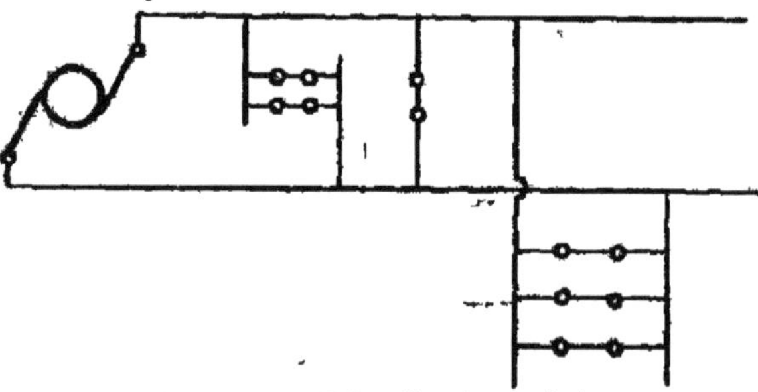

Fig. 210. — Distribution mixte.

série et à placer ces groupes en dérivation comme s'ils n'étaient composés que d'un seul appareil. Ce mode de distribution, peu employé actuellement, sauf pour les lampes à arc que l'on met souvent en série par deux sur un circuit en dérivation, peut être disposé de deux manières différentes représentées par les figures 210 et 211.

Dans le système représenté par la figure 210 il faut que chaque groupe de lampes

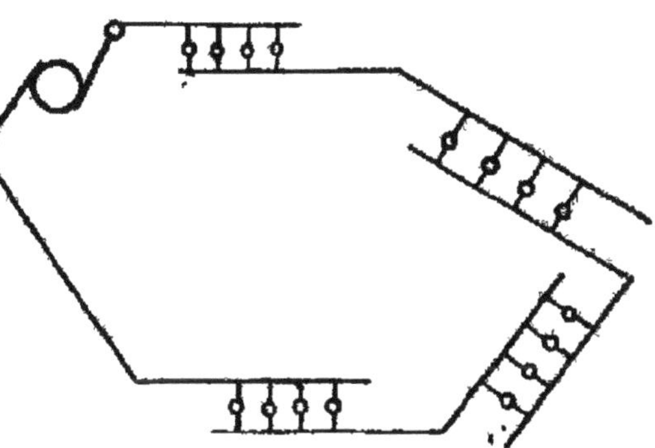

Fig. 211. — Distribution mixte.

en dérivation soit composé du même nombre de lampes, car le courant doit être constant pour tous les groupes en série.

176. *Distribution à trois fils.* — Dans le but de diminuer la section des conducteurs, Edison a imaginé la distribution à trois fils. Elle consiste à se servir de deux machines accouplées en série, de façon à avoir entre les deux balais extérieurs une force électromotrice double de celle

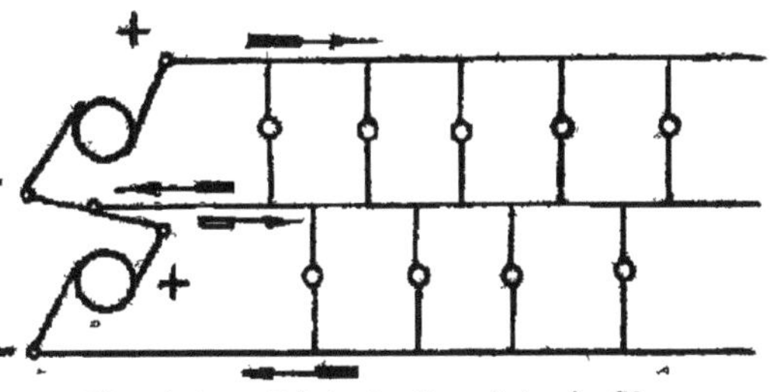

Fig. 212. — Distribution à trois fils.

nécessaire pour les lampes ; de chaque extrémité part un conducteur, et un troisième conducteur intermédiaire est attaché aux deux balais intérieurs. Les lampes sont placées en dérivation entre le conducteur intermédiaire et l'un des deux autres, ainsi que le représente la figure 212. On voit facilement que le fil du milieu ne reçoit que la différence des deux courants passant dans les fils extérieurs; si même les lampes étaient en nombre égal entre chaque fil extérieur et le fil intermédiaire il ne reviendrait aucun courant par ce fil.

Le cas le plus désavantageux est celui où la moitié seulement des lampes est allumée; il ne peut donc passer dans le conducteur intermédiaire une intensité supérieure à celle qui passe dans l'un des conducteurs extérieurs et il suffit de lui donner une section égale à celle de ces derniers. Les 3 fils ont donc remplacé 4 fils de même section qu'il aurait fallu employer si l'on avait eu une distribution en dérivation ordinaire. L'économie de cuivre est en conséquence de 1/4.

On a généralisé ce système en employant des distributions à 4 et 5 fils, mais la régulation devient très difficile.

177. Distributions indirectes. — Distribution par transformateurs à courants alternatifs. — Les courants alternatifs se prêtent facilement à l'emploi des hautes tensions et les transformateurs permettent de ramener cette tension à des proportions moindres. On a donc été conduit à adopter le système des transformateurs dans les distributions. On envoie un courant de haute tension dans ces appareils, ce qui permet l'emploi de fils ou de câbles de faible section, tout en transportant une énergie assez considérable. Les transformateurs sont placés aussi près que possible de l'appareil utilisant l'énergie ; la canalisation peut être ainsi considérablement réduite.

Les transformateurs se montent soit en série, soit en dérivation, soit encore d'après le système mixte ; on peut aussi employer le système des feeders ; chaque transformateur peut également être considéré comme un générateur d'électricité, et la canalisation secondaire peut à son tour être disposée suivant l'un de ces systèmes.

Les courants alternatifs de haute tension étant très dangereux, on doit mettre hors d'atteinte toutes les parties du circuit parcourues par le courant primaire.

178. *Distribution par accumulateurs*. — Les accumulateurs peuvent jouer le rôle de transformateurs et en même temps de réservoirs d'électricité. On peut les disposer de différentes manières, selon qu'on cherche à produire ou non une transformation.

Si l'on veut se servir seulement des accumulateurs comme réservoirs, on emploie deux batteries, dont l'une sert à l'éclairage pendant que l'on charge l'autre. Mais il est préférable de monter une seule batterie en dérivation sur le circuit d'éclairage ; dans ce cas elle agit absolument comme le gazomètre d'une usine à gaz : si le débit de la machine est supérieur à la demande de courant, la différence produit la charge des accumulateurs ; si au contraire la demande est supérieure au débit de la machine, les accumulateurs fournissent le complément, et en cas d'arrêt de la dynamo ils entretiennent tout l'éclairage.

16.

Les accumulateurs se prêtent très bien à la distribution à trois fils et l'on n'a plus besoin que d'une seule machine. Dans ce système on monte deux batteries en tension comme nous l'avons vu précédemment pour deux machines; au point de réunion des deux batteries, on attache le fil intermédiaire (fil neutre) et les deux autres fils aux extrémités de la double batterie. La machine doit avoir une force électromotrice suffisante pour charger les deux batteries montées ainsi en série. Le montage est indiqué par la fig. 213.

On opère très facilement le réglage de la force électromotrice en faisant varier le nombre d'accumulateurs

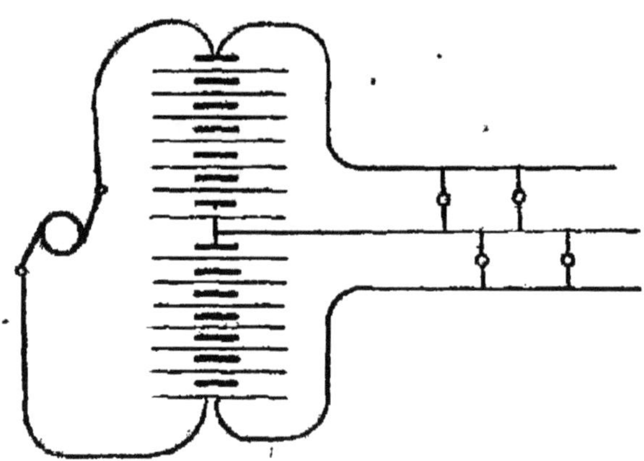

Fig. 213. — Distribution à trois fils par accumulateurs.

de la batterie. A cet effet, on établit des prises de courant entre les différents accumulateurs et on fait communiquer ces prises avec les plots d'un commutateur; suivant la position du frotteur de ce commutateur, on a un plus ou moins grand nombre d'accumulateurs en service. Afin de ne pas interrompre le courant, il est nécessaire que le frotteur arrive au contact d'un plot avant d'avoir quitté le précédent ; mais à ce moment l'accumulateur qui se trouve entre les deux prises de courant correspondant à ces plots est en court circuit. Pour remédier à cet inconvénient, on se sert de commutateurs spéciaux auxquels on donne généralement le nom de *réducteurs*. Les figures 214 et 215 en représentent deux modèles construits par la Compagnie générale de Travaux d'éclairage et de force (Cléman-

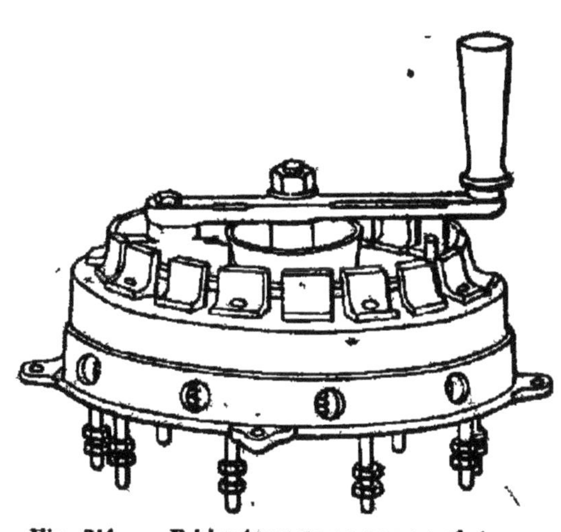

Fig. 214. — Réducteur pour accumulateurs.

çon). Dans le modèle représenté par la figure 214 les plots auxquels viennent aboutir les prises de courant sont séparés par un autre plot réuni à l'un deux par une résistance placée sur l'appareil.

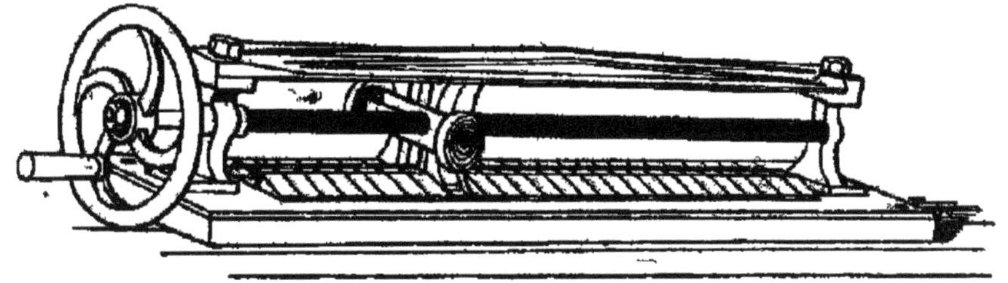

Fig. 215. — Régulateur pour accumulateurs.

Quand le frotteur quitte un plot portant une prise de courant, il vient sur un plot neutre ; le courant continue donc à passer mais en traversant la résistance; dès qu'il commence à quitter ce plot neutre, il touche le plot utile précédent et l'accumulateur compris entre les deux prises de courant n'est en court circuit que sur la résistance.

Dans l'autre modèle il n'y a qu'une seule résistance sur le frotteur, tous les plots étant utiles. Le frotteur est séparé en deux parties réunies par la résistance, de sorte que le court circuit ne se fait toujours qu'à travers celle-ci.

Un autre système de distribution par accumulateurs indiqué par M. D. Monnier consiste à diviser le réseau de distribution en un certain nombre de groupes alimentés chacun par une batterie d'accumulateurs. Toutes ces batteries sont réunies en série et chargées par une seule dynamo.

179. *Généralités sur les distributions d'énergie électrique.* — Toutes les distributions, à quelque système qu'elles appartiennent, doivent être faites avec beaucoup de soin. Tous les branchements doivent être commandés par des coupe-circuits; les sections des câbles doivent être calculées pour qu'en aucun endroit il ne puisse se produire d'échauffement dangereux. Des interrupteurs doivent être disposés de façon à ce qu'on puisse isoler les unes des autres les différentes parties de la canalisation. L'isolement doit être aussi parfait que possible et vérifié très souvent. Tous les appareils susceptibles de s'échauffer par suite du passage du courant, ou dans lesquels il peut se produire un arc, doivent être en matière incombustible.

CHAPITRE XVI

180. *Reversibilité des machines électriques.* — Nous avons vu qu'en faisant tourner l'induit d'une machine dynamo-électrique, on produit un courant électrique. Si, inversement, on envoie un courant électrique dans une machine électrique, elle se mettra à tourner et transformera l'énergie électrique qu'on lui fournit en énergie mécanique. En effet, le courant que l'on envoie dans la machine produit un champ magnétique et un élément de l'anneau formant un circuit fermé tendra à prendre la position dans laquelle il coupera le plus grand flux de force.

La machine qui produit le courant est appelée *génératrice*, et celle qui le reçoit *réceptrice*.

Dans les moteurs électriques la position de calage des balais est en arrière de la ligne neutre, au lieu d'être en avant de cette ligne comme dans les dynamos.

181. *Moteurs électriques.* — Les moteurs électriques sont identiques aux dynamos; l'enroulement des inducteurs peut se faire soit en série, soit en dérivation, soit compound. L'enroulement en série s'emploie pour les moteurs ayant à faire un grand effort de démarrage; ils doivent être placés sur une distribution à intensité constante. Si on place un moteur excité en série sur une distribution à potentiel constant, l'intensité varie avec la vitesse.

Les moteurs excités en dérivation, placés sur une distribution à potentiel constant prennent une vitesse constante; le démarrage en est souvent assez difficile, car, l'induit offrant une résistance excessivement faible à ce moment, l'intensité dans les inducteurs est presque nulle, et par suite le champ n'est pas suffisant.

Une dynamo en série fonctionnant comme génératrice tournera en sens inverse de son sens de rotation ordinaire; pour la faire tourner dans le sens voulu, il faut changer les connexions des inducteurs.

Il n'en sera pas de même pour une dynamo en dérivation, parce que le sens du courant dans les électro-aimants ne change pas.

Pour renverser le sens de marche d'un moteur électrique, il suffit de renverser le sens du courant soit dans l'armature, soit dans les électro-aimants; il faut avoir soin de modifier en même temps la position des balais.

Le phénomène de réversibilité des machines électriques permet de transporter le travail à distance au moyen des courants électriques.

Les premières expériences de transport d'énergie ont été faites en 1873 par M. Fontaine à l'Exposition de Vienne, puis en 1882 par M. Marcel Desprez à l'exposition de Munich où le transport se faisait sur une distance de 57 kilomètres.

Les expériences les plus récentes ont été faites entre Lauffen et Francfort en 1891, avec emploi de courants polyphasés. La distance était de 175 kilomètres; on a transmis à cette distance au moyen d'un fil de 4 mm et un potentiel de 16000 volts une puissance électrique de 200 chevaux.

Les applications du transport du travail à distance sont maintenant très nombreuses pour la traction électrique, la mise en action des pompes, la ventilation, les machines outils, etc., etc.

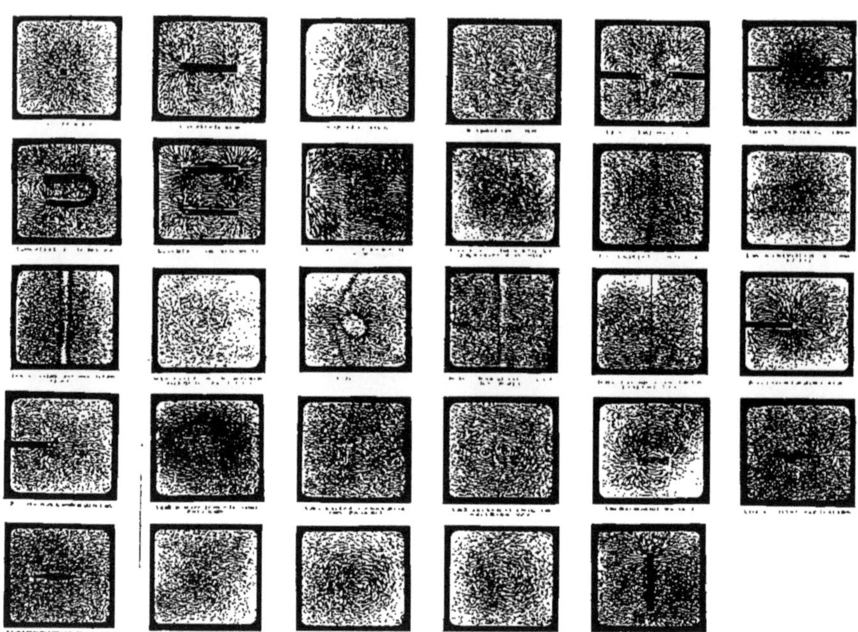

TABLE DES MATIÈRES

PREMIÈRE PARTIE
Notions générales

Chapitre I. — Principes généraux

CHAPITRE II. — UNITÉS ÉLECTRIQUES.

Chapitre III. — Induction électromagnétique

Chapitre IV. — Données pratiques relatives aux courants électriques, au magnétisme et a l'électromagnétisme

Chapitre V. — Appareils et méthodes de mesures électriques

DEUXIÈME PARTIE

Générateurs mécaniques d'énergie électrique

CHAPITRE VI. — MACHINES A COURANT CONTINU,

TROISIÈME PARTIE

Electro-chimie

QUATRIÈME PARTIE

Applications industrielles

CHAPITRE XIII. — ECLAIRAGE PAR L'ARC VOLTAÏQUE

CHAPITRE XIV. — ECLAIRAGE PAR INCANDESCENCE

CHAPITRE XV. — CANALISATIONS ET DISTRIBUTION DE L'ÉNERGIE ÉLECTRIQUE

CHAPITRE XVI. — TRANSMISSION DU TRAVAIL A DISTANCE

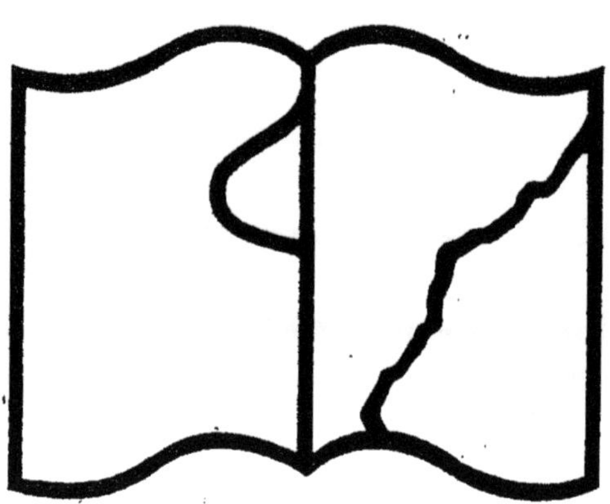

Texte détérioré — reliure défectueuse

NF Z 43-120-11

9 782016 184769